土木環境数学 I

1変数と多変数の初等関数の微分と積分

原田 隆典　本橋 英樹

現代図書

まえがき

本書は、大学工学部に入学し、基礎教育や専門教育において数学者が開講する微分と積分に関する講義の中で、特に、建設系学科の学生や技術者のために、この分野でよく出てくる初等関数の微分と積分(1変数と多変数)をわかり易く整理したものである。

微分と積分は、高等学校時代からそれなりに応用できそうで面白いものだと思っていた。大学の基礎教育では、連続や微分可能な関数の証明（$\varepsilon-\delta$論）や級数の収束半径や収束条件等の厳密性に重点が移った講義で、これもそれなりに面白かった。今思えば良い思い出である。

大学の土木工学科に職を得て、コンピュータ言語、構造力学、橋梁、弾性力学や振動学、災害軽減工学、地震工学、信頼性工学等の構造系の講義を担当していたが、各学科でも数学の講義を開けとの要請を受けて、土木環境数学I（微分積分）と土木環境数学II（微分方程式、連立1階微分方程式、フーリエ変換）を担当した。この講義の準備のために、数学史を入れながらの講義にとの思いからニュートン、ライプニッツ、オイラー、ガウス、コーシイ、フーリエ、ラプラス等の先人の業績を調べていた。最も役に立ったのが、安倍齊著（微積分の歩んだ道：1989年、森北出版）である。できるだけ、定理や方法の時間軸に沿って微分や積分を説明するのに役立つと同時に、突如、微分積分学が誕生したのではなく、その前の先人による無限小解析の研究があることをこの図書で知ることができた。また、数学・力学史に出てくる人物像とともに「数学に流れる精神」と著者は記されているが、このことが読み取れる大変良い図書である。この図書から多くを引用させていただいた。ここに、安倍齊先生に謝辞を記す。

本書では、以下のような項目について例題を含めて説明している。数学的厳密性は、数学書にあるので省略し、応用面を重視した解説をしている。

質点の運動に関するニュートンの考察から、瞬間の位置、速度、加速度の定義と1階微分、2階微分の定義を説明している。ニュートン自身は、任意の連続関数が多項式で表されることを用いて、種々の初等関数の多項式表示を求めている。その弟子のテイラーやマクローリンは、微分を使った多項式表示(テイラー展開とマクローリン展開)を開発している等の歴史の概略を説明している。多項式表示は、ある関数が、単純な関数（$a_n x^n, n = 0,1,\cdots$）の和で表現できることを意味する。たぶん、ニュートンがプリズムを使った光の研究から「スペクトル」という光を成分(波長の違う波)毎に分解できると考えたことと同じだと思われる。

関数の多項式表示から、代数学で最も重要なオイラーの公式を説明し、複素数に拡張することで、指数関数と三角関数、双曲線関数が親戚同士になることを説明している。

多変数の微分と積分（偏微分、全微分、多重積分）を 2 変数や 3 変数で説明し、部分積分により、表面積分や体積積分が、その被積分関数の次数を 1 つ下げる境界線積分と境界面積分に変換できるグリーン定理やガウスの発散定理を求めている。これらは、境界要素法や有限要素法に使われる数学道具である。

目 次

第1章
運動に対するニュートンの考察と微分法

ニュートン(1642 ~ 1727)は、イギリスのリンカーンシャの農家に生まれた(12月25日)。彼には農家を継ぐ意思はなかったので、母親は、最終的に校長先生の勧めに従って大学に進学することに決め、ケンブリッジのトリニティ・カレッジの入学試験に合格し、そこで勉学を始めた。ニュートンはバロー(1630 ~ 1677)を指導教授として、ケプラーの「光学」、ユークリッドの「原論」、デカルトとガリレオの著書を読んだそうである。1665年に学士号を取得したが、特に目立ったことはなかったようである。その後ロンドンでペストが流行し、安全のため大学が閉鎖されたので、ニュートンは田舎に帰り、そこで、自然哲学(自然科学)の基本概念の多くを後に変える着想を系統的に表現する方法を思いついたと言っている(ニュートンのりんごと万有引力の話など)。

1669年にニュートンは、「数学的発見を記した無限項をもつ方程式による解析について」という原稿を同僚の間で回覧したが、1711年まで出版しなかった。ニュートンの指導教授バローはその原稿からニュートンの才能を評価し、ケンブリッジ大学の教授の席をニュートンに譲ることを決めたといわれている。

今、図1-1のように直交座標平面内で運動している粒子について考えてみる。ストップウオッチを押した時刻を $t = 0$ とし、運動が始まり、その位置を P_0 とする。その後、任意の時刻 t で、粒子は平面内の P 点にある。P_0 点と P 点の座標位置は、時刻で変わるので、$(x(0), y(0))$、$(x(t), y(t))$ のように表すことができる。

まず、大雑把に考える。時間 t の間に粒子は P_0 点から P 点まで移動したので、その移動距離は、x 軸方向に $x(t) - x(0)$、y 軸方向に $y(t) - y(0)$ となる。移動距離をそれに要した時間で割った量を**平均速度**とすると定義する。この座標軸方向の平均速度は、次式で求められる。

$$\overline{v}_x = \frac{x(t) - x(0)}{t}, \quad \overline{v}_y = \frac{y(t) - y(0)}{t} \tag{1-1}$$

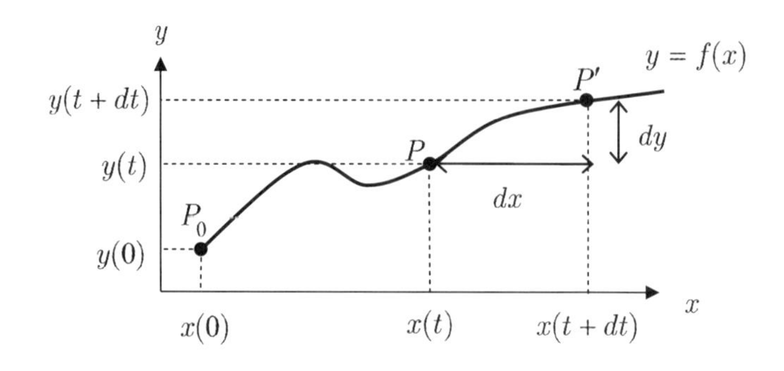

図 1-1　平面内の粒子の運動の位置と時間

次に、もう少し丁寧に考える。時間tの間に移動した粒子を考えたが、その時間内の移動は速く、また、ゆっくりと進み、一定速度での移動ではないのが一般的である。このため、上式の平均速度では、粒子の運動を正確に記述できないことに気づく。そこで、時刻tから微小時間（dt）が過ぎた時刻$t+dt$の粒子位置P'を考える。微小時間に移動した距離と要した時間からその間の平均速度を求め、以下のように微小時間を極めて零に近づけることによって、**時刻 t の速度**を定義することが考えられる。

$$\begin{aligned} v_x &= \lim_{dt\to 0}\frac{x(t+dt)-x(t)}{dt} = \frac{dx(t)}{dt} = x'(t) = \dot{x}(t) \\ v_y &= \lim_{dt\to 0}\frac{y(t+dt)-y(t)}{dt} = \frac{dy(t)}{dt} = y'(t) = \dot{y}(t) \end{aligned} \tag{1-2}$$

上式で記述を簡単化するために、上式右辺の 2 項～ 4 項のように表現することが多い。これを関数$x(t)$や$y(t)$の**時間tに関する微分、微分係数（微係数）**、または**時間tに関する導関数**という。

ニュートンは速度の時間的変化を**加速度**と呼び、次式のように定義した。

$$\begin{aligned} a_x &= \lim_{dt\to 0}\frac{v_x(t+dt)-v_x(t)}{dt} = \frac{dv_x(t)}{dt} = \frac{d}{dt}\left(\frac{dx(t)}{dt}\right) = \frac{d^2x(t)}{dt^2} = x''(t) = \ddot{x}(t) \\ a_y &= \lim_{dt\to 0}\frac{v_y(t+dt)-v_y(t)}{dt} = \frac{dv_y(t)}{dt} = \frac{d}{dt}\left(\frac{dy(t)}{dt}\right) = \frac{d^2y(t)}{dt^2} = y''(t) = \ddot{y}(t) \end{aligned} \tag{1-3}$$

加速度は、上式右辺のように位置$x(t)$と$y(t)$の微分の、またその微分になっている。このような場合を時間tに関する **2 階微分**という。2 階微分を表すために上式右辺の第 4 項のように$x(t)$と$y(t)$にd^2, dt^2をつけて表示しているのは、第 3 項の表示との比較から、分母ではdtの 2 乗、分子ではd の 2 乗となっているからである。

以上のように粒子の運動の位置や速度、加速度という物理的考察から微分を定義したが、一般的に微分法を説明するには、図 1-2 のように横軸にx軸を取り、任意の変数xによって決まる関数$f(x)$の値をy軸にプロットしたグラフを用いた幾何学的解釈をすることが多い。

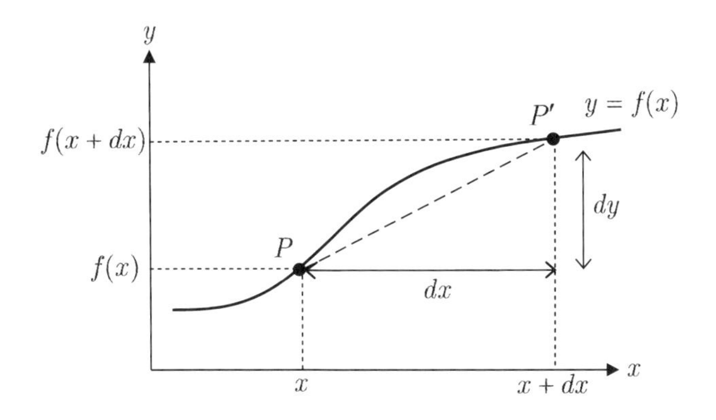

図 1-2　任意の関数 $f(x)$ のグラフと微分の幾何学的意味

図 1-2 では、P 点の座標位置は $(x, y = f(x))$ で、変数 x が微小変化した $x + dx$ の P′ 点の座標は $(x + dx, y + dy = f(x + dx))$ となる。dx を零に近づけると、P 点の接線の傾きとして解釈することができる。

$$接線の傾き = \lim_{dx \to 0} \frac{f(x+dx) - f(x)}{dx} = \frac{df(x)}{dx} = f'(x) \tag{1-4}$$

接線の傾きは、**関数** $f(x)$ **の変数** x **に関する微分**によって与えられる。また、上式から P′ 点の関数値は、次式で与えられる（記号の簡単化のため、以後では、lim 記号を省略する）。

$$f(x+dx) = f(x) + \frac{df(x)}{dx} dx = f(x) + f'(x) dx \tag{1-5}$$

この式は、P 点の値 $f(x)$ と傾き $f'(x)$ から、P′ 点の値が求められることを表す。

また、上式を一般化するために、図 1-3 のように P 点と P′ 点の座標を $(a, y = f(a))$ と $(x, y = f(x))$ のように定めると（a は任意の定数）、次式が得られる。

$$f(x) = f(a) + \frac{df(x)}{dx}(x - a) = f(a) + f'(a)(x - a) \tag{1-6}$$

上式は、$(x - a)$ の値があまり大きくない場合、$x = a$ の関数 $f(a)$ と傾き $f'(a)$ から任意の x における関数値 $f(x)$ が求められることを表す。

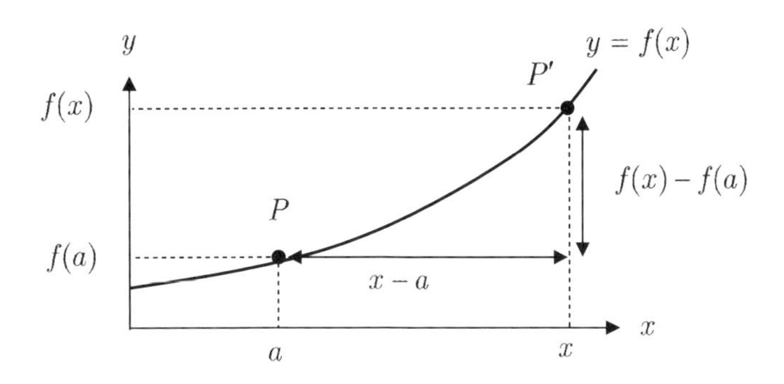

図 1-3　微分と関数の近似値

1　補助記事 1　$f(x)=x^n$ の微分

微分の定義に従うと、

$$f'(x)=\frac{f(x+dx)-f(x)}{dx}=\frac{(x+dx)^n-x^n}{dx} \qquad \text{(A1.1-1)}$$

上式の計算では、次式を用いる。

$$(x+dx)^n=\overbrace{(x+dx)(x+dx)..........(x+dx)}^{\text{n 個}}=x^n+nx^{n-1}dx+dx^2\ \text{の項}\ +.... \qquad \text{(A1.1-2a)}$$

このことは、$n=1,2,3,4\cdots$ について確かめることができる。また、フランスの哲学者パスカル（1623 ~ 1662）は、このような展開式の各項の係数が、後にパスカルの三角形と呼ばれる規則を見出している。次式の展開の各項の係数値は、図 A1.1-1 のように与えられる。

$$(x+dx)^4=x^4+4x^3dx+6x^2dx^2+4x\ dx^3+dx^4 \qquad \text{(A1.1-2b)}$$

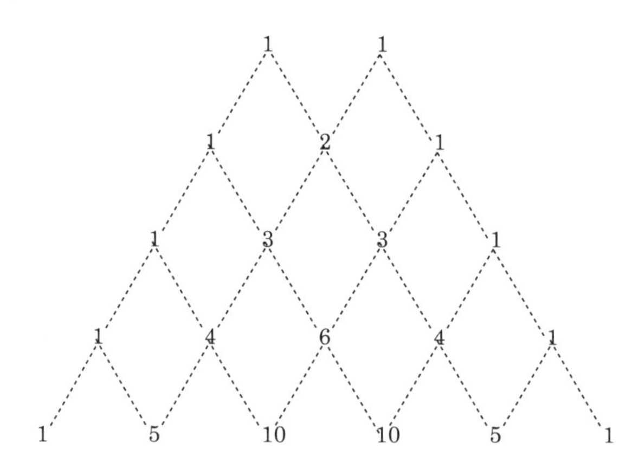

図 A1.1-1　パスカルの三角形

以上より、

$$f'(x)=\frac{(x+dx)^n-x^n}{dx}=\frac{(x^n+nx^{n-1}dx+dx^2\ \text{の項}\ \cdots)-x^n}{dx}=nx^{n-1} \qquad \text{(A1.1-3a)}$$

したがって、次式の公式が得られる。

$$f'(x)=nx^{n-1} \qquad \text{(A1.1-3b)}$$

例として、$f(x)=\dfrac{1}{x^3}$ の微分は、$f(x)=\dfrac{1}{x^3}=x^{-3}$ より、$n=-3$ とすると、

$$f'(x)=-3x^{-3-1}=-\frac{3}{x^4} \qquad \text{(A1.1-4)}$$

第2章
多項式(べき級数)とテイラー展開

2.1　多項式

連続関数は、次式のような**多項式**または**べき級数**と呼ばれ（Weierstrassの定理：2.1 補助記事 1)、重要な関数のひとつである。

$$f(x) = a_0 + a_1 x + a_2 x^2 + a_3 x^3 + \ldots\ldots + a_n x^n + \ldots. = \sum_{n=0}^{\infty} a_n x^n \tag{2.1-1}$$

ここに、記号 $\sum$ はギリシャ文字のシグマで $x = 0 \sim \infty$ までの総和を表す。

べき級数が収束するかどうかの厳密な判定は、Cauchy (1789~1857) まで待たなければならないが、ここでは、収束判定をしないで議論する。次のようなコーシイの収束判定に関する定理があることを記すのみに留める。収束半径 ρ は、次式で与えられる。

$$\begin{aligned} \frac{1}{\rho} &= \lim_{n\to\infty} \sqrt[n]{|a_n|} \quad \text{(Cauchy)} \\ \rho &= \lim_{n\to\infty} \left| \frac{a_n}{a_{n+1}} \right| \quad \text{(d}'\text{Alembert)} \end{aligned} \tag{2.1-2a}$$

$-\rho < x < \rho$ で収束し、それ以外では収束しない。その理由は、次式で、$|x|/\rho < 1$ ならば、べき級数は収束するからである。

$$\lim_{n\to\infty} \left| \frac{a_{n+1} x^{n+1}}{a_n x^n} \right| = \lim_{n\to\infty} \left| \frac{a_{n+1}}{a_n} \right| |x| = \frac{|x|}{\rho} \tag{2.1-2b}$$

$x = \pm\rho$ では、両方がある。

連続関数の多項式表示の物理的解釈は、単純な関数 x^n に分解できることを示すので、複雑な現象も単純な現象の和で表せることであろう。物理現象を数学で記述する方法を初めて示したのが、ニュートンである。

2.1　補助記事1　ワイエルシュトラス：Weierstrass(独,1815 ~ 1897)の定理：コーシイ：Cauchy(フランス,1789 ~ 1857)

(1)Weierstrassの定理

閉区間で連続な関数は、多項式によって一様に近似可能である。

(2)コーシイ(Cauchy)

コーシイは、パリの中流階級の家庭に生まれた。若くしてその天才ぶりはラグランジェに認められている。1805年理工科大学に入学し、土木工学を学び、一時は土木技師として就職している。この間に「数学」を独学し、1814年「定積分に関する論文」等を学士院に提出している。その後、ソルボンヌ大学の教授に任ぜられ、1829年「微分学講義」のなかで、ニュートン、ライプニッツ以来の厳密性にかける微積分から正確な理論の上に立つ微積分を樹立した。

コーシイは保守的な考えを変えることなく、1830年の7月革命の際に新政府への忠節を拒み、亡命せざるを得ない立場にたったが、1848年再びソルボンヌ大学の教授となり、平穏な日々を送ったといわれている。安部齊著、「微積分の歩んだ道」、森北出版、1989年より抜粋。

2.2　多項式の微分とテイラー展開

次に進む。多項式で表される連続関数 $f(x)$ の微分を求めると、次式が得られる。

$$
\begin{aligned}
f'(x) &= a_1 + 2a_2 x + 3a_3 x^2 + 4a_4 x^3 + \cdots + na_n x^{n-1} + \cdots \\
f''(x) &= 2a_2 + 6a_3 x + 12a_4 x^2 + \cdots + n(n-1)a_n x^{n-2} + \cdots \\
f'''(x) &= 6a_3 + 24a_4 x + \cdots + n(n-1)(n-2)a_n x^{n-3} + \cdots \\
&\vdots \\
f^n(x) &= n(n-1)(n-2)(n-3)\cdots 321 a_n
\end{aligned}
\qquad (2.2\text{-}1)
$$

上式に、$x = 0$ を代入すると、次式のように多項式関数 $f(x)$ の係数が多項式関数とその導関数によって決められる。

$$
\begin{aligned}
&a_0 = f(0), \quad a_1 = f'(0), \quad a_2 = \frac{1}{2!}f''(0) \\
&a_3 = \frac{1}{3!}f'''(0), \quad a_4 = \frac{1}{4!}f^4(0), \quad \cdots, \quad a_n = \frac{1}{n!}f^n(0)
\end{aligned}
\qquad (2.2\text{-}2a)
$$

ここに、$n!$ は n の階乗記号で、次式のように定義される。

$$
n! = n(n-1)(n-2)(n-3)\cdots 321 \qquad (2.2\text{-}2b)
$$

したがって、関数 $f(x)$ は、その導関数の $x = 0$ の係数から次式の多項式で表わされる。

$$
f(x) = f(0) + f'(0)x + \frac{1}{2!}f''(0)x^2 + \frac{1}{3!}f'''(0)x^3 + \cdots + \frac{1}{n!}f^n(0)x^n + \cdots \qquad (2.2\text{-}3)
$$

上式は、**マクローリン級数、マクローリン展開**と呼ばれ、任意の関数の級数展開または多項式表示とその導関数とを関係付ける重要な公式である。上式の幾何学的意味は、図 2.2-1 のように関数値が、$x=0$ での高次の導関数を係数とする多項式で求められることを表す。$x=0$ と任意の x における値が、直線で近似できる場合には、上式右辺第 2 項までをとり、次式のようになる。

$$f(x)=f(0)+f'(0)x \tag{2.2-4}$$

マクローリン級数の幾何学的意味を理解すれば、図 2.2-2 のように任意の $x=a$ と任意の x における関数値の関係にも、次の多項式が成立することが理解できよう。

$$f(x)=f(a)+f'(a)(x-a)+\frac{1}{2!}f''(a)(x-a)^2+\frac{1}{3!}f'''(a)(x-a)^3+\cdots+\frac{1}{n!}f^n(a)(x-a)^n+\cdots \tag{2.2-5}$$

この式は、**テイラー級数、テイラー展開**と呼ばれ、ニュートンやライプニッツの微分を使い任意の関数を多項式に展開する強力な方法として重要である。もちろん、このような方法によって展開できる関数は、$x=a$ で高次の微分が存在する連続関数でなければならないが、数学的厳密性については、本書では触れない。

関数 $f(x)=(1+x)^n$ の場合、マクローリン級数は **2 項級数**や **2 項展開**と呼ばれ、以下のように求められる(2.2 補助記事 1)。

$$(1+x)^n=1+nx+\frac{n(n-1)}{2!}x^2+\frac{n(n-1)(n-2)}{3!}x^3+\cdots+\frac{n(n-1)(n-2)\cdots(n-k+1)}{k!}x^k+\cdots \tag{2.2-6}$$

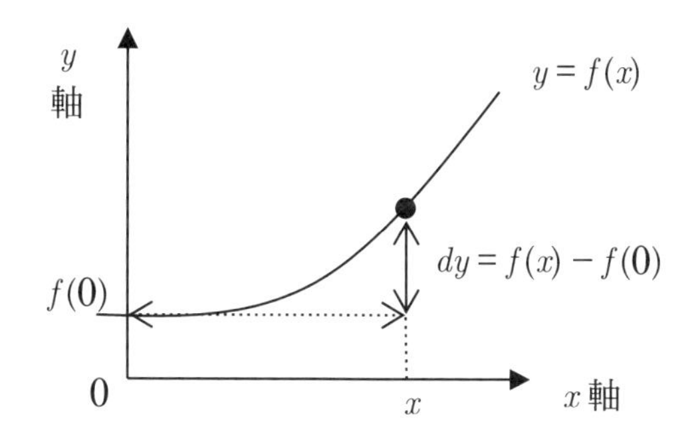

図 2.2-1　マクローリン級数の幾何学的説明

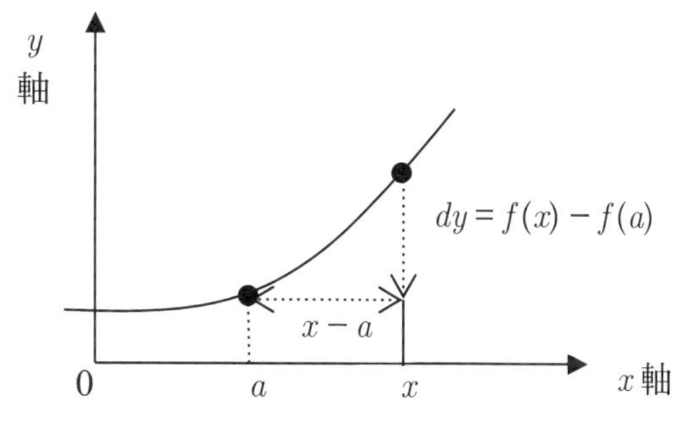

図 2.2-2　テイラー級数の幾何学的説明

2.2 補助記事1 テイラー（Taylor, 英国 ,1685 ~ 1731）、マクローリン（Makulaurin, 英国 ,1698 ~ 1746）、ニュートン（Newton, 英国 ,1642 ~ 1727）

テイラーもマクローリンも、ニュートン（1642 ~ 1727）の弟子であり、ニュートンの微分法を用いて、テイラー級数、マクローリン級数と呼ばれる重要な公式を導いている。ニュートンはべき級数を上手に使う名人であったため、その弟子もこれを習ったものと思われる。テイラーは、グレゴリー・ニュートンの補間法に基づいてテイラー級数の原型を求めている。また、ニュートンもオイラーもテイラー級数の原型を求めており、ヨハンベルヌーイは部分積分の考え方によりテイラー展開の原型を求めている。安部齊著、「微積分の歩んだ道」、森北出版、1989 年より抜粋。

テイラーやマクローリンは、それぞれ、1715 年、1742 年にこれらの級数展開式を求めている。また、オイラーが 1732 年に求めていたとも言われる。後で述べる 2 項定理は古くはシュティーフェル（Stifel, 独 , 1486 ~ 1567）により 1544 年に発表されたとも言われる。ヨーロッパとは独立に日本では、関孝和の弟子建部賢弘（1664 ~ 1739）が、1728 年ころ導いている。大脇直明他著、土木技術者のための数学入門、コロナ社、1996 年より抜粋。

著名人年表(安部齊著、「微積分の歩んだ道」、森北出版、1989 年より抜粋：
太字は本書に現れる名前)

ピタゴラス(Pythagoras, 572 ~ 492B.C.)
ネーピア(John Napier, 1550 ~ 1617)
パスカル(Blaise Pascal, 1623 ~ 1662)
ホイヘンス(Christiaan Huygens, 1626 ~ 1695)
バロー(Isaac Barrow, 1630 ~ 1677)
フック(Robert Hooke, 1635 ~ 1703)
ニュートン(Isaac Newton,1642 ~ 1727)
ライプニッツ(Gottfried Wilhelm Leibnitz,1646 ~ 1716)
ベルヌーイ(ヤコブ)(Jacob Bernoulli, 1654 ~ 1705)
ベルヌーイ(ヨハン)(Johann Bernoulli, 1667 ~ 1748)
ベルヌーイ(ダニエル)(Daniel Bernoulli, 1700 ~ 1782)
ド・モアブル(Abraham deMoivre, 1667 ~ 1754)
テイラー(Brook Taylor, 1685 ~ 1731)
マクローリン(Colin Maclaurin, 1698 ~ 1746)
オイラー(Leonhard Euler, 1707 ~ 1783)

ダランベール（Jean Le Rond d'Alembert, 1717 ～ 1783）
ヤング（Thomas Young, 1773 ～ 1829）
クーロン（C.A. Coulomb, 1736 ～ 1806）
ラグランジェ（Joseph Louis Lagrange, 1736 ～ 1813）
ラプラス（Pierre Simon Marquis de Laplace, 1749 ～ 1827）
ルジャンドル（Adrien Marie Legendre, 1752 ～ 1833）
フーリエ（Jean Baptiste Joseph Fourier, 1768 ～ 1830）
ガウス（Carl Friedrich Gauss, 1777 ～ 1855）
ポアソン（Simeon Denis Poisson, 1781 ～ 1840）
コーシー（Augustin Louis Cauchy, 1789 ～ 1857）
ハミルトン（William Rowan Hamilton, 1805 ～ 1865）
ワイエルシュトラス（Karl Theodor Wilhelm Weierstrass, 1815 ～ 1897）
ランキン（W.J. Macquorn Rankine, 1820 ～ 1872）
リーマン（Georg Friedrich Bernhard Riemann, 1826 ～ 1866）
モール（Otto Mohr, 1835 ～ 1918）

2.3　合成関数の微分と 2 項級数

(1) 合成関数の微分公式

合成関数の微分は、次式のような微分で求められる。

$$y = f(z), \quad z = g(x)$$
$$y' = \frac{dy}{dx} = \frac{dy}{dz}\frac{dz}{dx} = \frac{df(z)}{dz}\frac{dg(x)}{dx} \tag{2.3-1}$$

上式は、はじめに z で微分し、z を x で微分すると覚えればよい。

$x+dx$ 点の z の値は、x 点の z の値よりもちょっとだけ違うので、$z+dz$ と表す。テイラー展開の第 2 項までを書き出すと、次式が得られる。

$$z + dz = g(x+dx) = g(x) + \frac{dg(x)}{dx}dx \tag{2.3-2a}$$

したがって、

$$dz = \frac{dg(x)}{dx}dx \tag{2.3-2b}$$

また、$dy = f(z+dz) - f(z)$ なので、

$$y' = \frac{dy}{dx} = \frac{f(z+dz)-f(z)}{dz}\frac{dz}{dx} = \frac{df(z)}{dz}\frac{dg(x)}{dx} \tag{2.3-2c}$$

(2) 2 項級数

関数 $f(x)=(1+x)^n$ のテイラー展開（マクローリン展開）を使うと、以下のように 2 項級数が求められる。

$z=g(x)=1+x$ とおくと、$y=f(z)=z^n$ なので、次式が求められる。

$$
\begin{aligned}
f'(x) &= \frac{df(x)}{dx} = \frac{df(z)}{dz}\frac{dg(x)}{dx} = nz^{n-1}1 = n(1+x)^{n-1} \\
f''(x) &= n(n-1)(1+x)^{n-2} \\
f'''(x) &= n(n-1)(n-2)(1+x)^{n-3} \\
&\vdots \\
f^{n}(x) &= n!
\end{aligned}
\tag{2.3-3}
$$

したがって、

$$
(1+x)^n = 1 + nx + \frac{n(n-1)}{2!}x^2 + \frac{n(n-1)(n-2)}{3!}x^3 + \ldots + \frac{n!}{(n-k)!k!}x^k + \ldots + x^n \tag{2.3-4}
$$

ここでは、

$$
\begin{aligned}
\frac{n(n-1)(n-2)\ldots(n-k+1)}{k!} &= \frac{n(n-1)(n-2)\ldots(n-k+1)(n-k)(n-k-1)\ldots.321}{k!(n-k)(n-k-1)\ldots.321} \\
&= \frac{n!}{k!(n-k)!}
\end{aligned}
\tag{2.3-5a}
$$

を用いて表わしている。あるいは、

$$
(1+x)^n = \sum_{k=0}^{n} {}_nC_k x^k \tag{2.3-5b}
$$

ここに、${}_nC_k$ は 2 項係数と呼ばれ、次式で与えられる。

$$
{}_nC_k = \frac{n!}{k!(n-k)!} \tag{2.3-5c}
$$

パスカルの三角形の規則を用いると、$(a+b)^n$ の展開係数を決めることができる。しかし、マクローリン展開を用いると、その係数が以下のように求められる。

$$
\begin{aligned}
(a+b)^n &= a^n\left(1+\frac{b}{a}\right)^n = a^n(1+x)^n, \quad x=\frac{b}{a} \\
(a+b)^n &= a^n\sum_{k=0}^{n} {}_nC_k \left(\frac{b}{a}\right)^k = \sum_{k=0}^{n} {}_nC_k a^{n-k}b^k
\end{aligned}
\tag{2.3-6a}
$$

この式を用いて、$a=x,\ b=dx$ とおくと、例えば、次式が得られる。

$$
(x+dx)^4 = x^4 + 4x^3dx + 6x^2dx^2 + 4x\ dx^3 + dx^4 \tag{2.3-6b}
$$

2.4　関数 $f(x)=(1+x)^{-1}$ の多項式

この関数の多項式表示は、ニュートンが学生時代にノートに書いていたと言われる有名なものである。ここでは、微分の演習として、(1) マクローリン展開から求める方法と (2)

ニュートンの方法、の2つを紹介して、(3) この多項式を利用したこの系統の関数の多項式の例を示す。

(1) マクローリン展開の適用

関数 $f(x)=(1+x)^{-1}$ の微分は、次式となる。

$$
\begin{aligned}
&f'(x) = -(1+x)^{-2} \to f'(0) = -1 \\
&f''(x) = 2(1+x)^{-3} \to f''(0) = 2 = 2! \\
&f'''(x) = -6(1+x)^{-4} \to f'''(0) = -6 = -3! \\
&f^4(x) = 24(1+x)^{-5} \to f^4(0) = 24 = 4! \\
&\quad\vdots \\
&f^n(x) = (-1)^n n! \to f^n(0) = (-1)^n n!
\end{aligned}
\tag{2.4-1a}
$$

上式を次式のマクローリン展開式に代入すると、多項式が得られる。

$$
\begin{aligned}
&f(x) = f(0) + f'(0)x + \frac{1}{2!}f''(0)x^2 + \frac{1}{3!}f'''(0)x^3 + \cdots + \frac{1}{n!}f^n(0)x^n + \cdots \\
&\frac{1}{1+x} = 1 - x + x^2 - x^3 + x^4 + \cdots + (-1)^n x^n + \cdots
\end{aligned}
\tag{2.4-1b}
$$

上式の多項式の収束条件は、歴史的には、その後に証明されるが、次式の収束半径を使えば、$|x|<1$ で収束する。

$$
\rho = \lim_{n\to\infty}\left|\frac{a_n}{a_{n+1}}\right| = \lim_{n\to\infty}\left|\frac{(-1)^n}{(-1)^{n+1}}\right| = 1 \tag{2.4-1c}
$$

(2) ニュートンの方法

以下のように極めて簡単である。

$$
\begin{array}{r|l}
 & 1 \quad -x \quad +x^2 \quad -x^3 \cdots \\
\hline
1+x & 1 \\
 & \underline{1+x} \\
 & -x \\
 & \underline{-x-x^2} \\
 & x^2 \\
 & \underline{x^2+x^3} \\
 & -x^3 \\
 & \underline{-x^3-x^4} \\
 & x^4 \\
 & \vdots
\end{array}
\tag{2.4-2a}
$$

上式のような割り算を繰り返すと、次式の多項式が得られる。

$$
\frac{1}{1+x} = 1 - x + x^2 - x^3 + x^4 + \cdots + (-1)^n x^n + \cdots \tag{2.4-2b}
$$

図2.4-1は、$f(x)=(1+x)^{-1}$ とその多項式（$x^2<1$）の値の比較を示す。多項式近似は、

$x^2 < 1$ でほぼ完全に関数 $f(x)=(1+x)^{-1}$ と一致している。

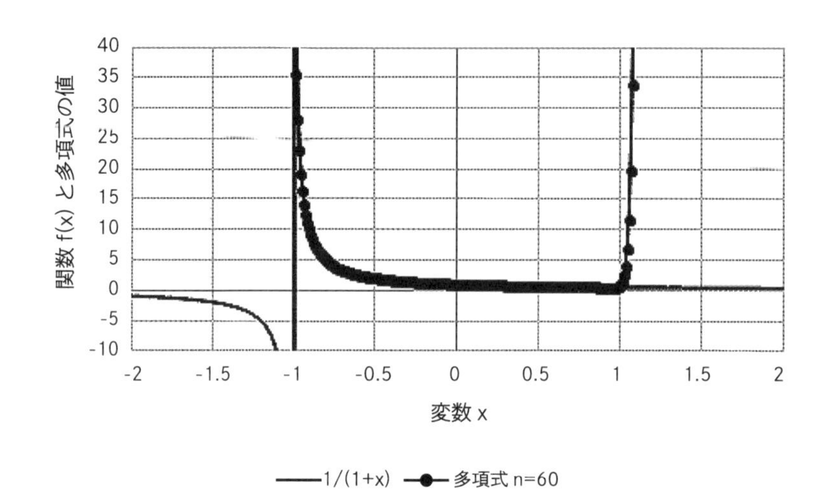

図 2.4-1　関数 $f(x)=(1+x)^{-1}$ とその多項式（$x^2<1$）の比較
（多項式では n ＝ 60 の和）

(3) 関数 $f(x)=(1+x)^{-1}$ の多項式の適用による各種の多項式の例

上記の級数展開で、x の代わりに、$-x$ や x^2、また $-2x+x^2$ 等を代入すると、次のような関数の級数展開が求められる。また、第 3 の関数の級数展開は第 1 番目の関数の級数展開の両辺を微分しても求められる。このような考え方や微分を使うと、いろいろな関数の級数展開が、次々に求められることは重要であり覚えておくとよい。これらは、$x^2<1$ で収束する。

$$\frac{1}{1-x}=1+x+x^2+x^3+x^4+\cdots+x^n+\cdots$$

$$\frac{1}{1-2x+x^2}=\frac{1}{(1-x)^2}=1+2x+3x^2+4x^3+\cdots+nx^{n-1}+\cdots \qquad (2.4\text{-}3)$$

$$\frac{d}{dx}\left(\frac{1}{1-x}\right)=\frac{1}{(1-x)^2}=1+2x+3x^2+4x^3+\cdots+nx^{n-1}+\cdots$$

2.4　補助記事 1　関数の多項式とニュートンの積分と対数

積分は、6 章に記述するが、ニュートンは、この関数 $f(x)=(1+x)^{-1}$ と（$0\sim x$）で囲まれる面積を多項式の直接積分から、次式のように求めている。

$$A(1+x)=x-\frac{1}{2}x^2+\frac{1}{3}x^3-\frac{1}{4}x^4+\cdots \qquad (\text{A}2.4\text{-}1\text{-}1)$$

ニュートンは、関数 $A(1+x)$ に対して、次式が成立するとしている。これは、後の対数の発見でもある（安倍（1989））。

$$\begin{aligned} A\big((1+x)(1+y)\big) &= A(1+x) + A(1+y) \\ A\left(\frac{1+x}{1+y}\right) &= A(1+x) - A(1+y) \end{aligned} \tag{A2.4-1-2}$$

ニュートンは、これを出版していなかったので、後世、次式のメルカトル級数として知られている（3.2 節（4）項 対数の多項式表示）。

$$\log_e(1+x) = x - \frac{1}{2}x^2 + \frac{1}{3}x^3 - \frac{1}{4}x^4 + (-1)^{n-1}\frac{1}{n}x^n + \cdots \tag{A2.4-1-3}$$

第3章 三角関数、指数関数、対数関数、双曲線関数の微分

初等関数の代表である三角関数、指数関数、対数関数、双曲線関数の微分や多項式を扱い、これらの関数の多項式表示から、代数学で最も重要なオイラーの公式や関数間の関係を整理する。

3.1　三角関数

(1) 角度の定義

角度は、図 3.1-1 のような円の中心角をもとに定義される。完全な円の中心角を 360 度(単位)と決めて、円の一部(扇形)の角度は、比例配分によって決める方法で、バビロニアの 60 進法に基づいている。60 進法に基づく時間では、時間、分、秒の単位が使われるが、角度においても、1 分を 1 度の 1/60、1 秒を 1 分の 1/60 として度、分、秒を使うこともある。角度で使う分、秒は分角、秒角と呼ぶ方がよいかもしれない。分角、秒角では、1 度＝ 60 分、3600 秒である。例えば、15 度 30 分 36 秒というように 60 進法で呼ぶ場合も多いが、度、分、秒の関係から、30 分 =30/60=0.5 度、36 秒 =36/3600=0.01 度を求め、10 進法で 15.51 度として扱う方が、数値計算ではわかりやすい。

角度の定義で重要なものは、図 3.1-1 の円の半径と円弧の長さの比から決める角度である。

$$\theta = \frac{s}{r} = \frac{\text{円弧の長さ}}{\text{半径}} \tag{3.1-1a}$$

この角度の単位は、定義より無次元であるが、rad（ラジアン）と呼ぶ。円周の長さは、$2\pi r$ (π=3.141592…)なので、360 度(360° と表す)=2 π rad となる。したがって、

$$1\,\text{rad} = \frac{180^\circ}{\pi} = \frac{180^\circ \times 60}{\pi}\text{分} = \frac{180^\circ \times 3600}{\pi}\text{秒} \tag{3.1-1b}$$

の関係が求められる。角度を度で表すことも、rad で表現することも多いが、数学的解析やコンピュータの組み込み関数による数値計算では、rad による角度を用いるのが一般的である（電卓には、角度の表し方として、度（degree）または rad を選択する機能が付いているのが一般的なので、どちらの単位で角度を表しているかを確かめてから使用する)。

3.1　補助記事１　円周率

π は、円周率と呼ばれ、円周の長さと円の直径の比で定義される。バビロニアでは、紀元前 2000 年頃に円周の長さと直径の比は、3.125 を用いたようである。この比の値に対して π の記号を始めて使ったのは、ジョーズ（William Jones,1675 ~ 1749）およびオイラー（Leonhard Euler,1707-1783）だと言われている。この文字を用いた理由は、周囲の英語名、periphery、ギリシャ語名、$\pi\ \varepsilon\ \rho\ \iota\ \phi\ \acute{\varepsilon}\ \rho\ \varepsilon\ \iota\ \alpha$、の頭文字をとったようである。

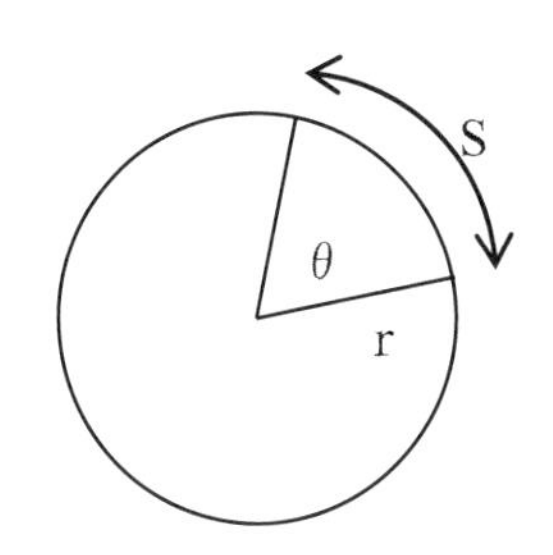

図 3.1-1　円と角度の定義

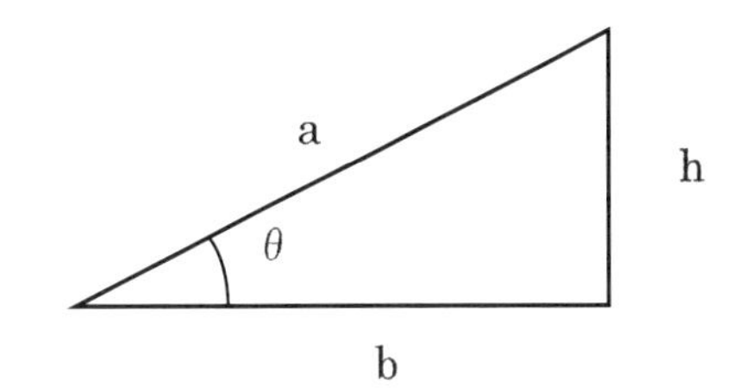

図 3.1-2　三角関数の定義と直角三角形

(2) 三角関数の定義

直角三角形の辺の長さや角度の研究（ピタゴラス等の研究）から、角度と辺の長さの関係を表す、sin 関数（正弦関数）、cos 関数（余弦関数）、tan 関数（正接関数）が生まれた。これらの関数は、次のように定義される（図 3.1-2）。

$$\sin\theta = \frac{h}{a}, \quad \cos\theta = \frac{b}{a}, \quad \tan\theta = \frac{\sin\theta}{\cos\theta} = \frac{h}{b} \tag{3.1-2a}$$

sin、cos、tan、の記号は、英語の sine、cosine、tangent で、この語は 16 世紀にヨーロッパの数学者が使いはじめ、sin、cos、tan という記号は 17 世紀ごろから使われ、18 世紀にオイラー（Euler, スイス , 1707 ~ 1783）によって普及された。

紀元前 1700 年には、すでにバビロニア人は知っていたとも言われる、ピタゴラスの定理（ピタゴラス , 紀元前 570 ~ 500 年）を使うと、次式のような大変重要な公式が得られる。

$$b^2 + h^2 = a^2 \to \sin^2\theta + \cos^2\theta = 1 \to 1 + \tan^2\theta = \frac{1}{\cos^2\theta} \tag{3.1-2b}$$

sin 関数と cos 関数の角度 θ での変化は、図 3.1-3 の単位円（半径 1 の円）上の点の縦軸と横軸の長さと角度 θ をプロットすると、図 3.1-3 のようになる。角度 $\theta = 2\pi$ の周期関数である。

いま、図 3.1-3 の単位円と直角三角形の角度 θ の幾何学的関係を次のように考察してみる。直角三角形の角度を rad で測ると、定義より θ ＝円弧・PR（半径＝ 1 であるため）となる。

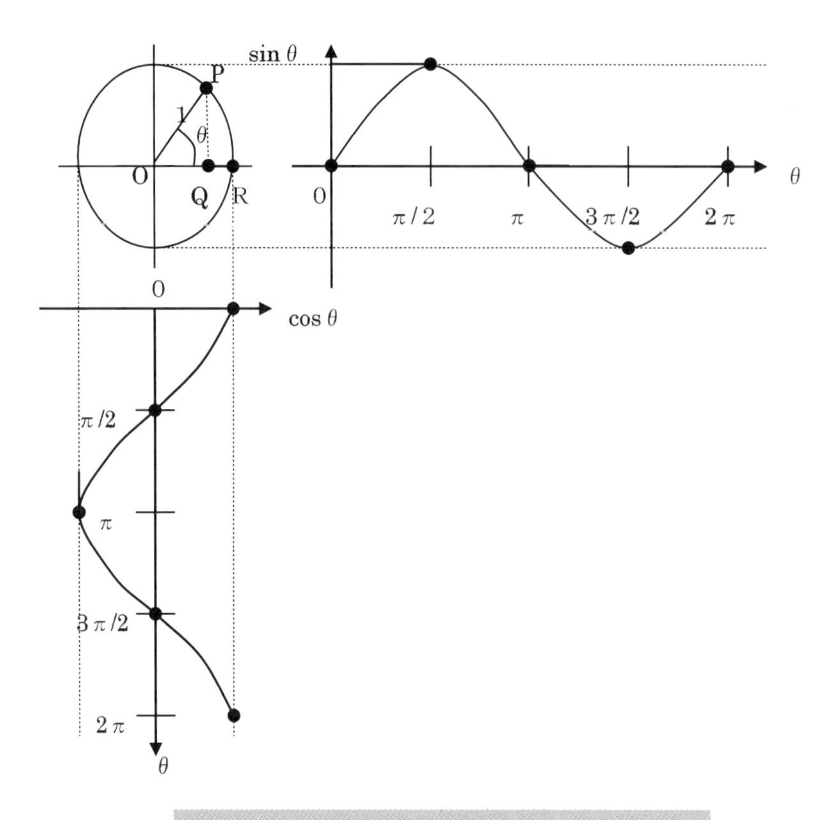

図 3.1-3　sin 関数 cos 関数のグラフと単位円

sin 関数を使うと、線分 PQ ＝ $\sin\theta$、線分 OQ ＝ $\cos\theta$ となる。角度が零に近い場合、線分 PQ の長さと円弧 PR の長さは近づき、線分 OQ の長さは 1 に近づくと思われるので、次式が成立する。

$$\sin\theta = \theta, \quad \cos\theta = 1, \quad (\theta \to 0) \tag{3.1-3}$$

この関係は、よく使うので重要な公式である。

上式の近似精度は、表 3.1-1 の数値計算結果から見える。表 3.1-1 より、角度 θ を rad で測ると、0.175（1.75×10^{-1} または 10^{-1} のオーダ）rad 以下では上式の近似が成立しているよう

表 3.1-1　角度が小さいときの sin 関数と cos 関数の値

θ 度	θ rad	$\sin\theta$	$\cos\theta$
20	0.3491	0.3427	0.9397
10	0.1745	0.1736	0.9848
5	0.0873	0.0872	0.9962
4	0.0698	0.0698	0.9976
3	0.0524	0.0523	0.9986
2	0.0349	0.0349	0.9994
1	0.0175	0.0175	0.9998

である。もちろん、上式の角度は rad で測ったときに成立し、度で測った角度では成立しないことは、明らかであるが、0.175rad は 10 度の角度である。

(3) 三角関数の微分と多項式表示

三角関数の sin 関数と cos 関数の微分は、次式で与えられる。

$$f(x)=\sin x,\quad g(x)=\cos x$$
$$f'(x)=\cos x,\quad g'(x)=-\sin x \tag{3.1-4a}$$

上式の公式は、微分の定義から、以下のように求められる（$dx\to 0$）。

$$f'(x)=\frac{\sin(x+dx)-\sin x}{dx}=\frac{\sin x\cos dx+\sin dx\cos x-\sin x}{dx}$$
$$=\frac{\sin x+dx\cos x-\sin x}{dx}=\cos x$$
$$g'(x)=\frac{\cos(x+dx)-\cos x}{dx}=\frac{\cos x\cos dx-\sin x\sin dx-\cos x}{dx}$$
$$=\frac{\cos x-dx\sin x-\cos x}{dx}=-\sin x \tag{3.1-4b}$$

上式においては、式(3.1-3)を用いた。また、三角関数の和公式を用いた(3.1 補助記事 2)。

3.1　補助記事２　三角関数の和公式と余弦公式

図 A3.1-2-1 のようなに任意の三角形 OPQ を考え、角度を A, B とすると、直角三角形 PQR の角度は、A ＋ B となることを考慮し、以下の公式が成立する。(この公式は後で述べるオイラーの公式（$e^{i\theta}=\cos\theta+i\sin\theta$、$i$ は虚数単位) から簡単に導くことができる)。

$$\sin(A+B)=\sin A\cos B+\sin B\cos A$$
$$\cos(A+B)=\cos A\cos B-\sin A\sin B \tag{A3.1-2-1}$$

辺 OQ, PQ, の長さを図 A3.1-2-1 のようにb, a とし、辺 SQ の長さに着目すると、次式が成り立つ。

$$b\sin A=a\sin B \tag{A3.1-2-2a}$$

また、直角三角形 OPR と PQR の辺の長さに着目すると、次式が成り立つ。

辺 OP の長さ＝ $b\cos A+a\cos B$

辺 PR の長さ＝ $a\sin(A+B)$=(辺 OP の長さ)・$\sin A$　(A3.1-2-2b)

辺 OR の長さ =$b+a\cos(A+B)$=(辺 OP の長さ)・$\cos A$

したがって、

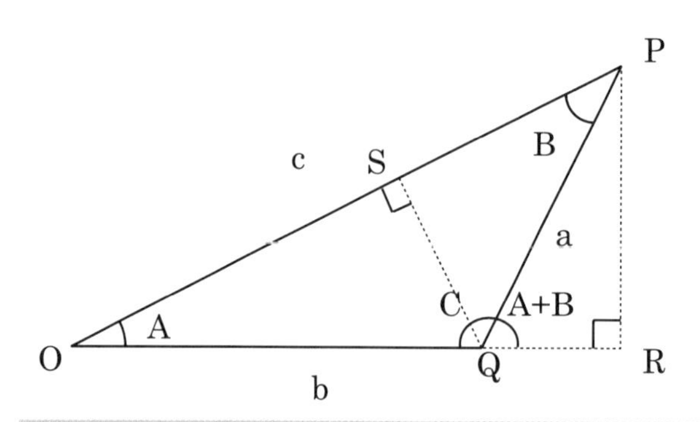

図 A3.1-2-1　任意の 3 角形と直角 3 角形の関係と記号

$$\begin{aligned}\sin(A+B) &= \frac{b\cos A + a\cos B}{a}\sin A = \sin A\cos B + \sin B\cos A \\ \cos(A+B) &= \frac{b\cos A + a\cos B}{a}\cos A - \frac{b}{a} \\ &= \cos A\cos B + \frac{b}{a}(\cos^2 A - 1) \\ &= \cos A\cos B - \sin A\sin B\end{aligned} \qquad \text{(A3.1-2-2c)}$$

余弦公式は、以下のように得られる。図 A3.1-2-1 の幾何学的関係から、

$$(b\sin A)^2 + (c - b\cos A)^2 = a^2 \qquad \text{(A3.1-2-3)}$$

上式より、

$$a^2 = b^2 + c^2 - 2bc\cos A \qquad \text{(A3.1-2-4a)}$$

同じような幾何学的関係式から、次式も得られる。

$$\begin{aligned} b^2 &= a^2 + c^2 - 2ac\cos B \\ c^2 &= a^2 + b^2 - 2ab\cos C \end{aligned} \qquad \text{(A3.1-2-4b)}$$

以下では、三角関数の多項式表示を求める。マクローリン展開より、

$$f(x) = \sin x = \sum_{n=0}^{\infty}\frac{1}{n!}f^{(n)}(0)x^n = f(0) + f'(0)x + \frac{1}{2!}f''(0)x^2 + \frac{1}{3!}f'''(0)x^3 + ... \qquad \text{(3.1-5a)}$$

ここに、

$$f'(x) = \cos x, \quad f''(x) = -\sin x, \quad f'''(x) = -\cos x, ... \qquad \text{(3.1-5b)}$$

より、

$$f(0) = 0, \quad f'(0) = 1, \quad f''(0) = 0, \quad f'''(0) = -1....... \qquad \text{(3.1-5c)}$$

のように、偶数階の微分の $x = 0$ での値はすべて零で、奇数階の微分値は、1 階のとき 1、3 階のとき -1、5 階のとき 1、というような正負の値を繰り返すので、次式の多項式で表される。同様にして、または、sin 関数の多項式表示を微分して、cos 関数の多項式表示が得ら

れる。この式は、収束半径($n \to \infty$) $\rho = 2n+3, 2n+1 = \infty$ なので、 $x^2 < \infty$ で成立する。

$$\sin x = \sum_{n=0}^{\infty} (-1)^n \frac{1}{(2n+1)!} x^{2n+1} = x - \frac{1}{3!}x^3 + \frac{1}{5!}x^5 - \frac{1}{7!}x^7 .... \qquad (3.1\text{-}6)$$

$$\cos x = \sum_{n=0}^{\infty} (-1)^n \frac{1}{(2n)!} x^{2n} = 1 - \frac{1}{2!}x^2 + \frac{1}{4!}x^4 - \frac{1}{6!}x^6 ....$$

図 3.1-4 (a) は、 $-2\pi \le x \le 2\pi$ として sin 関数の値と多項式の $n = 9$ までの和を比較したものである。両者は一致していることがわかる。図 3.1-4(b)は、多項式の各関数を示す。多

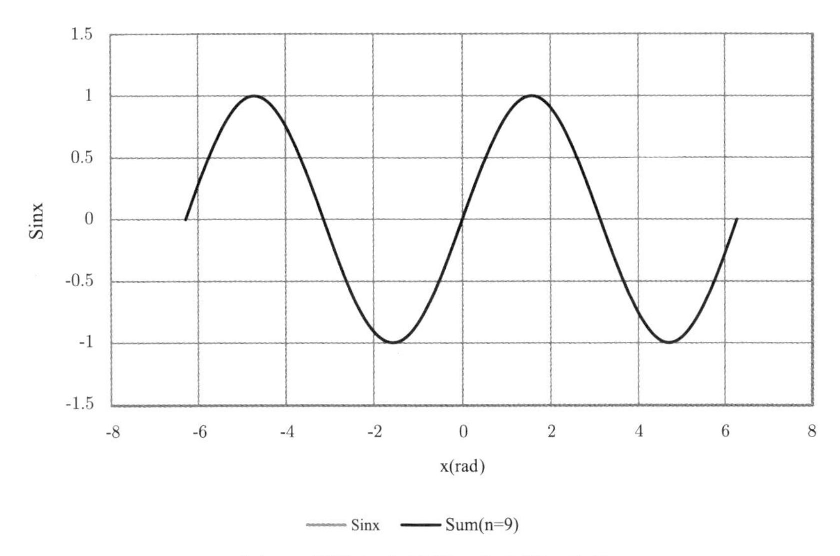

(a) sin 関数と多項式による値の比較

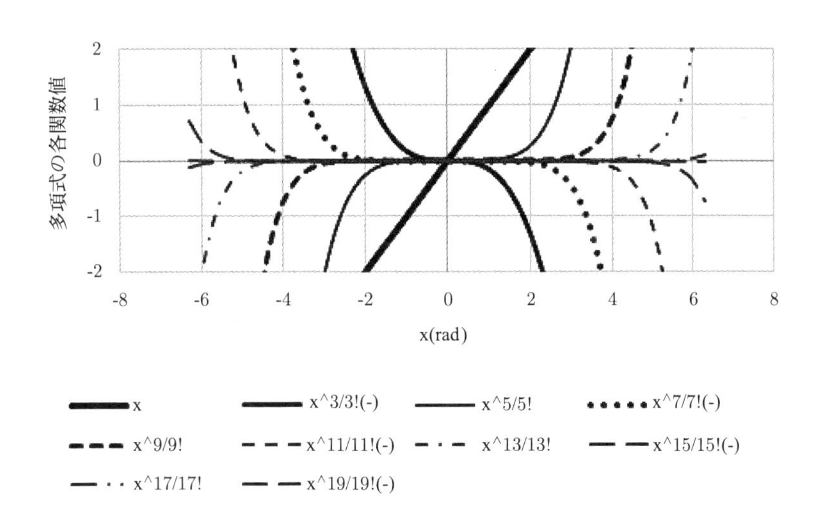

(b) sin 関数の多項式表示における各関数

図 3.1-4　sin 関数の値と多項式の $n = 9$ までの和の比較(a)と多項式の各関数(b)

項式の各関数 $(-1)^n x^{2n+1}/(2n+1)!$ は、単純で、sin 関数のような周期関数で、かつその値は $|\sin x| \leq 1$ の有限値ではない。しかし、各関数の和は sin 関数になる。

ニュートンは、プリズムにより光が波長の違う各種の色に分かれる現象を光のスペクトルと呼んだ。たぶん、ある関数が単純な関数の和で表される多項式の数学的研究から、物理現象を単純な現象の和で表すことができる(分解、分析)ことを知っていたものだと思われる。

3.1　補助記事３　三角関数の多項式

ニュートン (1642 ~ 1727) は、三角関数に関しても、上式のような多項式表示を求めている。ニュートンの微分の考えを用いてテイラー展開やマクローリン展開をする方法は、テイラー (1685 ~ 1731) が 1715 年に、マクローリン (1698 ~ 1746) が 1742 年に示しているので、ニュートンは微分を使わない方法で求めたものと思われる。ニュートンが求めた方法は調べていないのでわからないが、ひとつの方法として以下のような普通の方法を示しておく。

$\sin x$ を次のような多項式で表すと、

$$\sin x = a_0 + a_1 x + a_2 x^2 + a_3 x^3 + a_4 x^4 + a_5 x^5 + \cdots \tag{A3.1-3-1a}$$

$\cos x$ は、$(\sin x)' = \cos x$ を用いて、上式の微分から、

$$\cos x = a_1 + 2a_2 x + 3a_3 x^2 + 4a_4 x^3 + 5a_5 x^4 + \cdots \tag{A3.1-3-1b}$$

ここで、

$$\begin{aligned}\sin^2 x = a_0^2 + 2a_0 a_1 x + (2a_0 a_2 + a_1^2)x^2 + (2a_0 a_3 + 2a_1 a_2)x^3 + \\ (2a_0 a_4 + 2a_1 a_3 + a_2^2)x^4 + (2a_0 a_5 + 2a_1 a_4 + 2a_2 a_3)x^5 + \ldots\ldots\end{aligned} \tag{A3.1-3-2a}$$

$$\begin{aligned}\cos^2 x = a_1^2 + 4a_1 a_2 x + (6a_1 a_3 + 4a_2^2)x^2 + (8a_1 a_4 + 12a_2 a_3)x^3 + \\ (10a_1 a_5 + 16a_2 a_4 + 9a_3^2)x^4 + \ldots\ldots\end{aligned} \tag{A3.1-3-2b}$$

これらを、$\sin^2 x + \cos^2 x = 1$ に代入すると、

$$\begin{aligned}&a_0^2 + a_1^2 = 1 \\ &2a_0 a_1 + 4a_1 a_2 = 0 \\ &2a_0 a_2 + a_1^2 + 6a_1 a_3 + 4a_2^2 = 0 \\ &2a_0 a_3 + 2a_1 a_2 + 8a_1 a_4 + 12a_2 a_3 = 0 \\ &\quad\vdots\end{aligned} \tag{A3.1-3-3a}$$

ここで、$\sin x = x, x \to 0$ を用いると、$a_0 = 0$ でなければならない。これらより、係数が次のように求められる。

$$a_0 = 0,\quad a_1 = 1,\quad a_2 = 0,\quad a_3 = -\frac{1}{6},\quad a_4 = 0, \ldots\ldots \tag{A3.1-3-3b}$$

したがって、次式のような多項式表示が得られる。

$$\sin x = x - \frac{1}{6}x^3 + \ldots..$$
$$\cos x = 1 - \frac{1}{2}x^2 + \ldots.. \qquad (A3.1\text{-}3\text{-}4)$$

任意の関数の多項式表示を得るためには、テイラー展開やマクローリン展開が大変有用な公式であることがわかる。もちろん、これらの展開式を用いるためには、n 階の微分ができなければならない。この意味で、初等関数の多項式表示は、微分の演習問題としてよい例題である。

3.2　指数関数と対数関数

(1) 指数関数と対数関数の定義

指数関数は、正の定数 a (底と呼ばれる)を x 回掛けた値として、次式で定義される。

$$y = f(x) = a^x, \quad f(0) = a^0 = 1 \qquad (3.2\text{-}1a)$$

通常、$a \neq 1$ である。$a = 1$ でもよいが、1 を何回掛けても 1 なのであまり意味のある関数ではないからである。a^{n+m} は、次式のような掛け算であるため、$a^{n+m} = a^n a^m$ である。

$$a^{n+m} = \overbrace{aa\cdots a}^{n}\,\overbrace{aaa\cdots a}^{m} = a^n a^m \qquad (3.2\text{-}1b)$$

指数関数において、$x = a^y$ (正の定数 a なので $x > 0$ となる)となるような y を求める時、y を底 a の対数と呼び、次式で定義する。

$$y = f(x) = \log_a x, \quad x > 0, f(a) = \log_a a = 1, f(1) = \log_a 1 = 0 \qquad (3.2\text{-}2a)$$

$y = \log_a x^n$ ならば、$x^n = a^y \to x = a^{y/n} \to y / n = \log_a x$ なので、次式が成り立つ。

$$y = \log_a x^n = n \log_a x \qquad (3.2\text{-}2b)$$

また、$y_1 = \log_a x_1, y_2 = \log_a x_2$ ならば、$x_1 = a^{y_1}, x_2 = a^{y_2}$ となる。$x_1 x_2 = a^{y_1} a^{y_2} = a^{y_1 + y_2}$ より、次式が成り立つ。

$$\log_a x_1 x_2 = y_1 + y_2 = \log_a x_1 + \log_a x_2 \qquad (3.2\text{-}2c)$$

この対数の積の公式さえ覚えておけば、次式のような公式が得られる。

$$y = \log_a x^n = \log_a \overbrace{xx\cdots x}^{n} = \overbrace{\log_a x + \log_a x + \cdots + \log_a x}^{n} = n \log_a x$$
$$y = \log_a x^{-1} = \log_a \frac{1}{x} = -\log_a x \qquad (3.2\text{-}2d)$$

また、指数関数と対数関数は、次式の関係として覚えるとよい。

$$y = \log_a x \Leftrightarrow x = a^y \qquad (3.2\text{-}3)$$

図 3.2-1 は、指数関数のグラフを示す。底 $a < 1$ では、単調減少関数で、底 $a > 1$ では単調増加関数である。$x = 0$ で、$y = 1$ となる。

図 3.2-2 は、対数関数と指数関数のグラフである。$y = x$ で対数関数と指数関数は対称である。

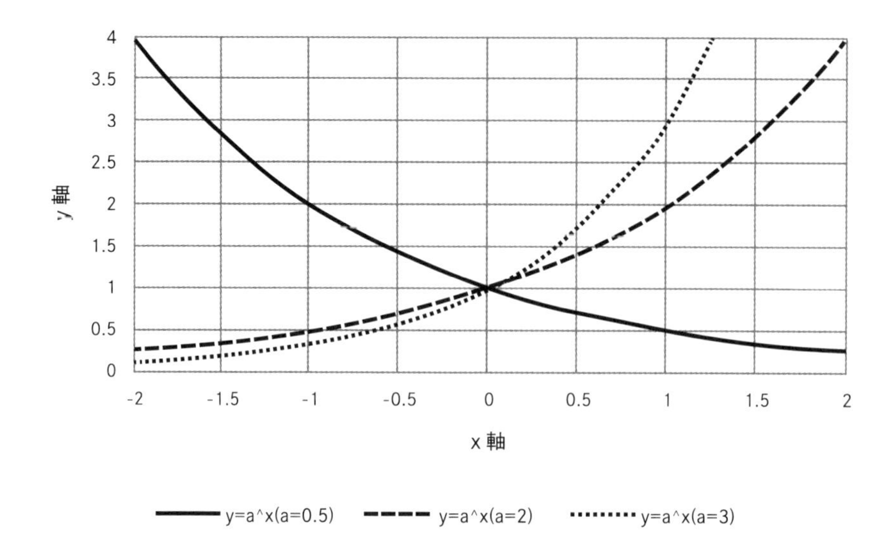

図 3.2-1　指数関数のグラフ（底 $a = 0.5, 2, 3$）

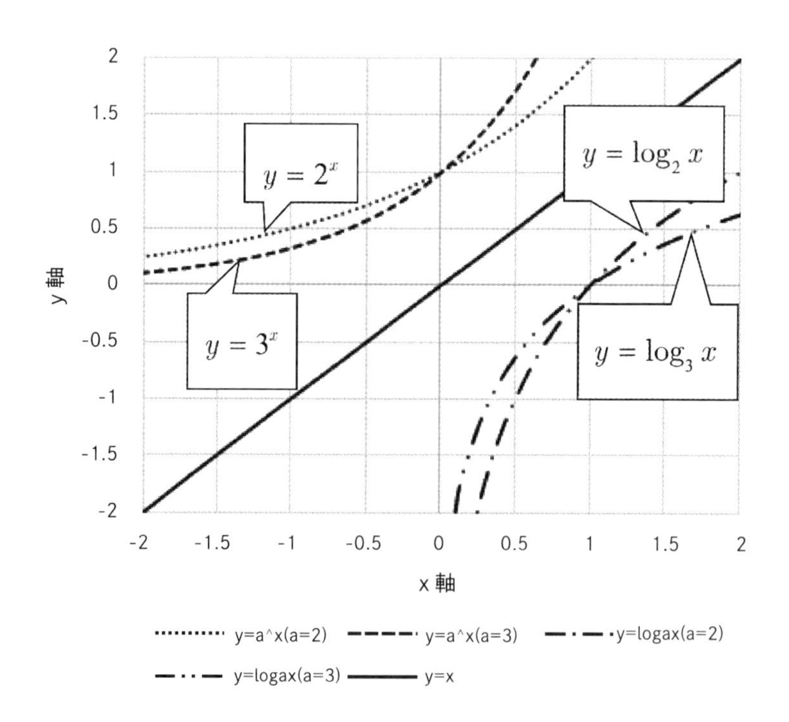

(a) 底 $a = 2, 3$ の指数関数と対数関数のグラフ

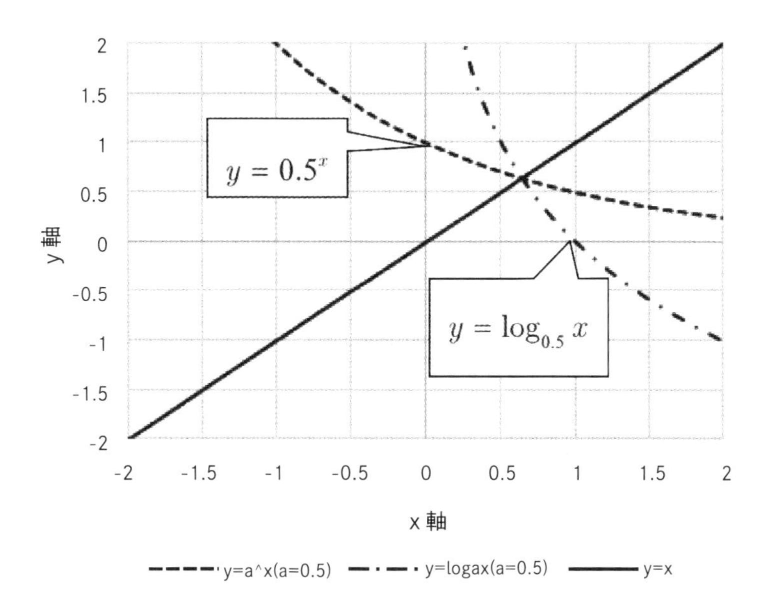

(b) 底 $a = 0.5$ の指数関数と対数関数のグラフ

図 3.2-2　指数関数と対数関数のグラフ（底 $(a)a = 2,3, (b)a = 0.5$）

3.2　補助記事 1　対数、ネイピア（Napier, スコットランド ,1550 ~ 1617）

ネイピアは、対数を生み出し、掛け算・割り算を足し算・引き算で計算できるようにし、天文学等の膨大な計算をし易くした。また、ネイピア数と呼ばれる次式を定義している（3.2 補助記事 3 参照）。

$$\mathrm{e} = \lim_{x\to\infty}\left(1+\frac{1}{n}\right)^n = 2.71828\cdots \tag{A3.2-1-1}$$

(2) 指数関数と対数関数の微分

指数関数の微分を考える。微分の定義から、次式が得られる（$dx \to 0$）。

$$y' = \frac{a^{x+dx} - a^x}{dx} = \frac{a^x a^{dx} - a^x}{dx} = a^x\,\frac{a^{dx} - 1}{dx} = y\frac{a^{dx} - 1}{dx} \tag{3.2-4}$$

上式の微分を考えるに当たり、微分しても元の関数になるような（$y' = y$）底を求める。このことは、次式が成り立つような底を決めることを意味する。

$$z = \frac{a^{dx} - 1}{dx} = 1 \to a = \left(1 + dx\right)^{\frac{1}{dx}} = 2.718\cdots \equiv \mathrm{e} \tag{3.2-5}$$

表 3.2-1 のように微小な $dx \to 0$ について計算すると、底 a の値は、2.718…のような数値になるが、小数点以下の数値は dx で変わる（ネイピア数と呼ばれる：3.2 補助記事 1）。このため上式のように定義される底 a の値を e という記号で表すことをオイラーが考えたので、オイラー数と呼ばれる(オイラーの定数 γ やオイラー数列とは異なる)。

表 3.2-1　微小 dx とオイラー数の計算例

dx	$a = (1 + dx)^{\frac{1}{dx}}$
0.1	2.59374
0.01	2.70481
0.001	2.71692
0.0001	2.71815
0.00001	2.71827

以上のように指数関数において、底 a がオイラー数 e のときには、指数関数を x で微分しても元の指数関数が得られるので、微分によって普遍的な関数となるなど数学解析で極めて重要な数値である。もう一度、オイラー数の定義を以下に記述しておく。次式は、正確には、底 e の指数関数と呼ぶべきであるが、一般には、次式を指数関数と呼ぶ。

$$y = \mathrm{e}^x, \quad y' = \mathrm{e}^x \tag{3.2-6}$$

ここで、オイラー数 e を導入し、底 a の指数関数の微分を求めると、次のようになる。

$$z = \frac{a^{dx} - 1}{dx} \tag{3.2-7a}$$

とおいて、底 a を求めると、

$$a = (1 + zdx)^{\frac{1}{dx}} \tag{3.2-7b}$$

ここで、$dz = zdx$ とおくと、次式が得られる。

$$a = \left[(1 + dz)^{\frac{1}{dz}} \right]^z = \mathrm{e}^z \tag{3.2-7c}$$

また、底 e の対数を使うと(両辺の対数をとる)、次式が得られる。

$$z = \log_{\mathrm{e}} a = \ln a \tag{3.2-7d}$$

したがって、

$$y = a^x, \quad y' = a^x \log_{\mathrm{e}} a = a^x \ln a \tag{3.2-8}$$

底 e の対数を上式のように ln a のように簡単に記述し、底 e の対数と呼ばずに自然対数と呼ぶことが多い。

以上と同様に、底 a の対数関数 $y = \log_a x$ の微分を導くことができる。微分の定義より、

$$y' = \frac{\log_a(x+dx) - \log_a x}{dx} = \frac{1}{dx}\log_a\left(\frac{x+dx}{x}\right) = \frac{1}{dx}\log_a\left(1+\frac{dx}{x}\right)$$
$$= \log_a\left(1+\frac{dx}{x}\right)^{\frac{1}{dx}} = \log_a\left(\left(1+dx'\right)^{\frac{1}{dx'}}\right)^{\frac{1}{x}} = \log_a e^{\frac{1}{x}} = \frac{1}{x}\log_a e \tag{3.2-9}$$

ここに、対数の積の公式(3.2-2b,c,d)を用いた。

以上を整理すると、対数関数の微分は次のようになる。

$$y = \log_a x, \quad y' = \frac{1}{x}\log_a e$$
$$y = \log_e x = \ln x, \quad y' = \frac{1}{x} \tag{3.2-10a}$$

底 a が 10 の場合は、常用対数関数と呼ばれ、

$$y = \log_{10} x, \quad y' = \frac{1}{x}\log_{10} e \tag{3.2-10b}$$

(3) 指数関数の多項式表示とオイラーの公式

マクローリン展開を用いると、指数関数 $y = e^x$ は、次の多項式表示できる。この式は、収束半径($n \to \infty$) $\rho = n+1 = \infty$ なので、$x^2 < \infty$ で成立する。

$$y = e^x = \sum_{n=0}^{\infty}\frac{1}{n!}x^n = 1 + x + \frac{1}{2!}x^2 + \frac{1}{3!}x^3 + \frac{1}{4!}x^4 + \ldots.. \tag{3.2-11}$$

関数 $f(x) = e^x$ とすると、何階微分して元の指数関数であるので、次式が成り立つ。

$$f(x) = f'(x) = f''(x) = f'''(x) = \cdots = f^n(x) = e^x$$
$$f(0) = f'(0) = f''(0) = f'''(0) = \cdots = f^n(0) = 1 \tag{3.2-12a}$$

したがって、次式のマクローリン展開式に代入すると、多項式表示が得られる。

$$f(x) = e^x = \sum_{n=0}^{\infty}\frac{1}{n!}f^{(n)}(0)x^n = f(0) + f'(0)x + \frac{1}{2!}f''(0)x^2 + \frac{1}{3!}f'''(0)x^3 + \ldots.. \tag{3.2-12b}$$

ここで、指数関数の多項式表示において、$x \to ix$ (i ：虚数単位)とすると、次式の多項式が得られる。

$$e^{ix} = \sum_{n=0}^{\infty}(-1)^n\frac{1}{(2n)!}x^{2n} + i\sum_{n=0}^{\infty}(-1)^n\frac{1}{(2n+1)!}x^{2n+1}$$
$$= \left(1 - \frac{1}{2!}x^2 + \frac{1}{4!}x^4 - \frac{1}{6!}x^6 + \cdots\right) + i\left(x - \frac{1}{3!}x^3 + \frac{1}{5!}x^5 - \frac{1}{7!}x^7 + \cdots\right) \tag{3.2-13}$$

また、3.1 節(3)では、三角関数の多項式表示は、次式(再掲)であった。

$$\sin x = \sum_{n=0}^{\infty}(-1)^n\frac{1}{(2n+1)!}x^{2n+1} = x - \frac{1}{3!}x^3 + \frac{1}{5!}x^5 - \frac{1}{7!}x^7 \ldots.$$
$$\cos x = \sum_{n=0}^{\infty}(-1)^n\frac{1}{(2n)!}x^{2n} = 1 - \frac{1}{2!}x^2 + \frac{1}{4!}x^4 - \frac{1}{6!}x^6 \ldots. \tag{3.2-14}$$

上の複素指数関数と三角関数の多項式表示を比較すると、次のようなオイラーの公式が得られる(数学解析において最も重要な公式であるので覚えること)。

$$e^{ix} = \cos x + i \sin x, \quad i = \sqrt{-1} \tag{3.2-15}$$

オイラーの公式は、複素数 $z = e^{ix}$ のガウスの複素平面上の座標位置を用いると、下図のような幾何学的表示となる。この複素平面座標表示は、オイラーの公式を覚えるのに役立つ。

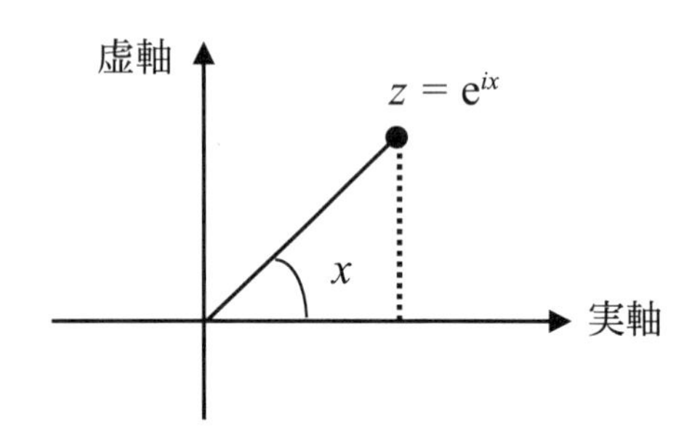

図 3.2-3　オイラーの公式の複素平面上の表示

3.2　補助記事 2　オイラーの公式と三角関数の公式

オイラーの公式 $e^{ix} = \cos x + i \sin x$ を使うと、三角関数に関する以下のような公式が簡単に求められる。

$$\begin{aligned} &\sin(A+B) = \sin A \cos B + \cos A \sin B \\ &\cos(A+B) = \cos A \cos B - \sin A \sin B \\ &\sin 2A = 2 \sin A \cos A \\ &\cos 2A = \cos^2 A - \sin^2 A = 2\cos^2 A - 1 = -2\sin^2 A + 1 \end{aligned} \tag{A3.2-2-1a}$$

次式は、ド・モアブルの定理と呼ばれる。

$$\begin{aligned} &(\cos x + i \sin x)(\cos y + i \sin y) = \cos(x+y) + i \sin(x+y) \\ &(\cos x + i \sin x)^n = \cos nx + i \sin nx \end{aligned} \tag{A3.2-2-1b}$$

指数関数の性質とオイラーの公式を使うと、次式が得られ、両辺の比較より、三角関数に関する公式が簡単に求められる。A＝Bとおけば、倍角公式が得られる。

$$\begin{aligned} e^{i(A+B)} &= e^{iA} e^{iB} \\ e^{i(A+B)} &= \cos(A+B) + i \sin(A+B) \\ e^{iA} e^{iB} &= (\cos A + i \sin A)(\cos B + i \sin B) \\ &= (\cos A \cos B - \sin A \sin B) + i(\sin A \cos B + \cos A \sin B) \end{aligned} \tag{A3.2-2-2}$$

オイラーの公式を用いると、次式のようにド・モアブルの定理が得られる。

$$(\cos x + i\sin x)(\cos y + i\sin y) = e^{ix}e^{iy} = e^{i(x+y)} = \cos(x+y) + i\sin(x+y)$$
$$(\cos x + i\sin x)^n = (e^{ix})^n = e^{inx} = \cos nx + i\sin nx \qquad \text{(A3.2-2-3)}$$

歴史的には、複素数と三角関数の関係を示したド・モアブル（英 , 1667 ~ 1754）の定理が先に知られ、複素数と指数関数、三角関数の関係を示したオイラー（スイス , 1707 ~ 1783）の公式が後に求められている。ガウス（独 , 1777 ~ 1855）は、複素数の実部と虚部を平面上の直交座標に対応させる複素平面（ガウス平面）を考案し、複素数と三角関数、指数関数の幾何学的関係を示している。したがって、上の例題は歴史的には逆転したものとなっている点を注意しておいてほしい。

3.2　補助記事 3　オイラーとガウス

(1) オイラー

オイラー（Euler, 1707 ~ 1783）はスイスのバーゼルで生まれた。オイラーは、若い時代に数学以外に、神学、天文学、物理学、医学と幅広く勉強した。これが後にオイラーの幅広い研究活動（数学や力学）をする基礎になったと考えられる。例えば、土木工学で馴染み深い構造力学における梁の変形や流体に関するオイラーの運動方程式などがある。1726 年、ペテルスブルクのアカデミーに招かれ、1741 年までここで研究活動を続け、途中 1741 年から 1766 年まではベルリンのアカデミーで活発な研究活動を続け、1766 年再びペテルスブルクに戻りここで亡くなった。オイラーは今日よく知られている「記号」、「用語」を考案している。例えば、e は、ニュートン力学を微積分で定式化した「力学」の中で用いている。Exponential（指数）からヒントを得たようである。また、円周率 π や虚数単位 i、x の関数 $f(x)$ 等もオイラーが導入したものである。

オイラー数 e や自然対数、オイラーの公式（指数関数と三角関数、虚数の関係）などの多項式表示に関するオイラーの研究の考え方は、本書で述べたものとは違っているが（詳しくは、安部齊著、微積分の進んだ道、森北出版、1989 年参照）、本書では、任意の底 a の指数関数において微分しても元の指数関数になるような底 a を探すとオイラー数 e が得られるという考えから説明した方がわかりやすいと考えたためである。

(2) ガウス

ガウス（Gauss, 1777 ~ 1855）は、北ドイツで生まれ、神童と呼ばれた。小学生の時、1 から 100 までの足し算をすぐに計算し、皆を驚かせたと言われている。貧しい家庭に生まれながらも、その才能をフェルジナンド大公に認められ、経済的援助を得て、1795 年 18 歳の時、ゲッチンゲン大学入学後、20 歳には、整数論を書き、当時、最高の整数論学者のルジャンドル(Legendre)の整数論を意味なきものとするほどの天才ぶりを発揮している。学位はHolmstedt大学から授与されている。その内容は、代数学の基本定理である n 次代数方程式は重複度を考慮すれば、n 個の根(複素数を考慮)を持つことの証明であった。

最小2乗法を発明し、この方法を使い天体観測データを整理して、ケレスの再出現の予測に成功している。三角測量にも最小2乗法を使い、測量精度向上に寄与した。

電磁気の研究から、ガウスの発散定理を求めている。また、複素積分やその表示方法(ガウス複素平面表示)等の研究で成果を上げている。複素積分では、コーシーの留数定理が有名であるが、これと同じ答えを持っていたと言われる。

(4) 対数関数の多項式表示

マクローリン展開を用いると、対数関数 $y = \log_e(1+x)$ は、次の多項式表示できる。この式は、収束半径($n \to \infty$) $\rho = 1 + 1/n = 1$ なので、 $x^2 < 1$ で成立する。

$$\log_e(1+x) = \ln(1+x) = \sum_{n=1}^{\infty}(-1)^{n+1}\frac{1}{n}x^n = x - \frac{1}{2}x^2 + \frac{1}{3}x^3 - \frac{1}{4}x^4 + \frac{1}{5}x^5 \dots \quad (3.2\text{-}16a)$$

この式の両辺を微分すると、次式が得られる。

$$\frac{1}{1+x} = 1 - x + x^2 - x^3 + x^4 - \cdots = \sum_{n=0}^{\infty}(-1)^n x^n \quad (3.2\text{-}16b)$$

上式の関係は、次式の微分と積分の関係を示す(6章、8章)。

$$\int \frac{1}{1+x}dx = \log_e(1+x) = \ln(1+x) \quad (3.2\text{-}16c)$$

このことは、次式を意味する。興味深いことに、ニュートンは、多項式 (3.2-16b) の面積を積分から求めて、対数関数との関係を調べて、 $A(xy) = A(x) + A(y)$ の対数の性質を見つけている。

$$\begin{aligned} &A(x) = \log_e(1+x), f(x) = \frac{1}{1+x}, A'(x) = f(x) \\ &\int A'(x)dx = A(x) \end{aligned} \quad (3.2\text{-}16d)$$

式(3.2-16a)の対数関数の多項式表示は、次のようにして求められる。

$f(x) = \log_e(1+x), z = 1 + x$ とおくと、

$$f'(x)=\frac{df}{dz}\frac{dz}{dx}=\frac{1}{z}1=\frac{1}{1+x}$$
$$f''(x)=-1(1+x)^{-2}1=-\frac{1}{(1+x)^2}$$
$$f'''(x)=2(1+x)^{-3}1=\frac{2}{(1+x)^3} \tag{3.2-17a}$$
$$f^4(x)=-6(1+x)^{-4}1=-\frac{6}{(1+x)^4}$$
$$\vdots$$

したがって、$f(0)=\ln(1)=0,\quad f'(0)=1,\quad f''(0)=-1,\quad f'''(0)=2,\quad f^{(4)}(0)=-6,\ldots.$ これを、次式のマクローリン展開式に代入すると、多項式表示が得られる。

$$f(x)=\ln(1+x)=\sum_{n=0}^{\infty}\frac{1}{n!}f^n(0)x^n=f(0)+f'(0)x+\frac{1}{2!}f''(0)x^2+\frac{1}{3!}f'''(0)x^3+\ldots.. \tag{3.2-17b}$$

なお、常用対数関数や任意の底 a の対数関数の場合には、底の変換公式を用いて自然対数の多項式から求めることができる。

$$\log_a(1+x)=\frac{1}{\log_e a}\cdot\log_e(1+x)=\log_a e\cdot\log_e(1+x) \tag{3.2-17c}$$

対数関数 $y=\log_e(1+x)$ の多項式表示と変数変換 $z=1+x, z=(1+x)/(1-x)$ を使うと、次式のような対数関数の多項式表示が求められる。

$$\log_e\left(\frac{1+x}{1-x}\right)=2\left(x+\frac{1}{3}x^3+\frac{1}{5}x^5+\frac{1}{7}x^7\cdots\right)$$
$$=2\sum_{n=0}^{\infty}\frac{1}{2n+1}x^{2n+1},\quad (x^2<1)$$
$$\log_e x=2\left(\left(\frac{x-1}{x+1}\right)+\frac{1}{3}\left(\frac{x-1}{x+1}\right)^3+\frac{1}{5}\left(\frac{x-1}{x+1}\right)^5+\frac{1}{7}\left(\frac{x-1}{x+1}\right)^7\cdots\right) \tag{3.2-18}$$
$$=2\sum_{n=0}^{\infty}\frac{1}{2n+1}\left(\frac{x-1}{x+1}\right)^{2n+1},\quad (x>0)$$
$$\log_e x=(x-1)-\frac{1}{2}(x-1)^2+\frac{1}{3}(x-1)^3-\frac{1}{4}(x-1)^4+\frac{1}{5}(x-1)^5-\cdots$$
$$=\sum_{n=1}^{\infty}(-1)^{n+1}\frac{1}{n}(x-1)^n,\quad (0<x<2)$$

ニュートンは、自然対数に関しても、テイラー展開式を用いずに上の例題のよう多項式表示を求めている。三角関数の多項式表示の例題で述べたように、テイラー展開やマクローリン展開はニュートンの微分の後に得られた展開式であるため、ニュートンはこのような展開式を用いないで多項式表示を求めている。ニュートンがどのようにして自然対数関数の多項式表示を求めたか調べていないのでわからないが、ひとつの方法を示す。

対数関数 $y=\log_e(1+x)$ を次の多項式で表す。

$$y=\ln(1+x)=a_0+a_1x+a_2x^2+a_3x^3+a_4x^4+\ldots\ldots \qquad (3.2\text{-}19a)$$

対数の定義から、$e^y=1+x$ である。両辺の微分から、次式が得られる。

$$e^y\frac{dy}{dx}=1 \qquad (3.2\text{-}19b)$$

したがって、

$$y'=\frac{dy}{dx}=\frac{1}{e^y}=\frac{1}{1+x} \qquad (3.2\text{-}19c)$$

ここで、

$$\begin{aligned} y'&=a_1+2a_2x+3a_3x^2+4a_4x^3+\cdots \\ \frac{1}{1+x}&=1-x+x^2-x^3+x^4-\cdots \end{aligned} \qquad (3.2\text{-}19d)$$

上式は、2 章のニュートンの多項式である。上式の係数の比較により、次式が得られる。

$$a_1=1,\quad a_2=-\frac{1}{2},\quad a_3=\frac{1}{3},\quad a_4=-\frac{1}{4},\cdots \qquad (3.2\text{-}19e)$$

また、$x=0$ で $y=\ln 1=0$ より、$a_0=0$ となる。したがって、次式の多項式が得られる。

$$y=\log_e(1+x)=\ln(1+x)=x-\frac{1}{2}x^2+\frac{1}{3}x^3-\frac{1}{4}x^4+\frac{1}{5}x^5-\cdots \qquad (3.2\text{-}19f)$$

(5) 双曲線関数の多項式表示と指数関数、三角関数の関係

双曲線関数は、指数関数を組み合わせた次式で定義される。

$$\begin{aligned} \sinh x&=\frac{1}{2}(e^x-e^{-x}) \\ \cosh x&=\frac{1}{2}(e^x+e^{-x}) \\ \tanh x&=\frac{\sinh x}{\cosh x}=\frac{e^x-e^{-x}}{e^x+e^{-x}} \end{aligned} \qquad (3.2\text{-}20)$$

これらの双曲線関数は、ハイパボリックサイン関数、ハイパボリックコサイン関数、ハイパボリックタンゼント関数と呼ばれる。

また、指数関数のグラフより、図 3.2-4 のようなグラフになる。$x=\infty$ では、ハイパボリックサイン関数とハイパボリックコサイン関数は、無限大の値になるが、ハイパボリックタンゼント関数は、－1 から 1 の有限な値に収束するのが特徴である。

次式の指数関数の多項式表示を用いると、

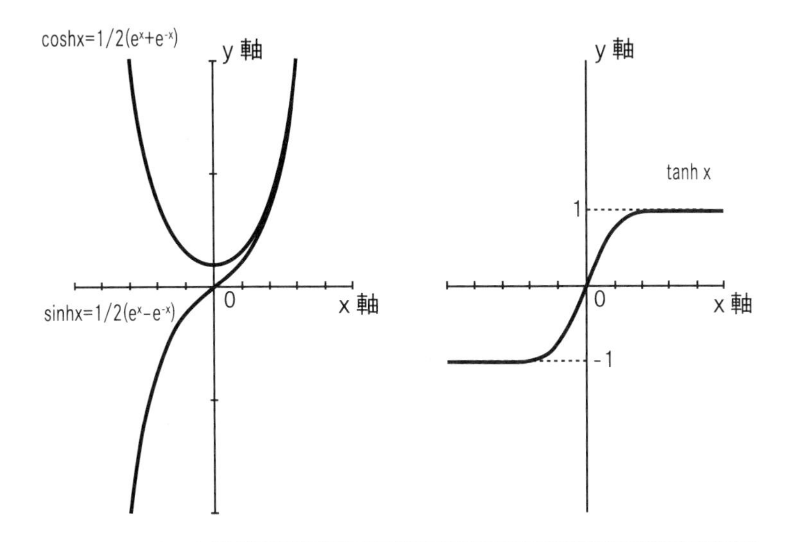

図 3.2-4　双曲線関数のグラフ

$$\mathrm{e}^{x}=\sum_{n=0}^{\infty}\frac{1}{n!}x^{n}=1+x+\frac{1}{2!}x^{2}+\frac{1}{3!}x^{3}+\frac{1}{4!}x^{4}+\cdots$$
$$\mathrm{e}^{-x}=\sum_{n=0}^{\infty}\frac{1}{n!}(-x)^{n}=1-x+\frac{1}{2!}x^{2}-\frac{1}{3!}x^{3}+\frac{1}{4!}x^{4}+\cdots \qquad (3.2\text{-}21)$$

双曲線関数の多項式表示は、次式のように求められる。この多項式は、$x^2<\infty$ で成立する。

$$\sinh x=x+\frac{1}{3!}x^{3}+\frac{1}{5!}x^{5}+\frac{1}{7!}x^{7}+\ldots\ldots$$
$$\cosh x=1+\frac{1}{2!}x^{2}+\frac{1}{4!}x^{4}+\frac{1}{6!}x^{6}+\ldots\ldots \qquad (3.2\text{-}22)$$

オイラーの公式を用い、三角関数の指数関数による表示が次式のように求められることを示し、また、双曲線関数の定義式と比較し、三角関数と双曲線関数の関係式が次式のようになることを示す。

オイラーの公式 $\mathrm{e}^{\pm ix}=\cos x\pm i\sin x$ の足し算と引き算より、次式のように三角関数の指数関数表示と双曲線関数の関係が得られる。

$$\sin x=\frac{1}{2i}(\mathrm{e}^{ix}-\mathrm{e}^{-ix})$$
$$\cos x=\frac{1}{2}(\mathrm{e}^{ix}+\mathrm{e}^{-ix}) \qquad (3.2\text{-}23)$$
$$\sinh(ix)=i\sin x$$
$$\cosh(ix)=\cos x$$

上式によると、三角関数、指数関数、双曲線関数は、変数 x を複素数に拡張すると、指数関数と関係づけられる。ここには、オイラーの公式が重要な役割を果している。指数関数の指数 e（オイラー数）は、指数関数を微分しても元の指数関数と同じになるように導入された数値（2.78….）であるため、微分を含む方程式（微分方程式）の解として重要な関数となる。

第４章
微分の応用

この章では、これまでの初等関数の微分の演習や応用例は無数にあるが、(1) 微分と曲線の特性値、(2) 微分と最大・最小問題（体積一定の円柱の最小表面積、最小の矢板建設コスト)、(3) 自重による棒の変形解析、(4) 自重によるケーブルのたわみ曲線とカテナリー曲線、(5) 等速円運動と振り子の振動解析、(6) 2 次元弾性力学のモールの応力円やモール・クーロン破壊基準によるランキン受動・主動土圧(三角関数を多用する例題)、を取り上げる。

4.1　微分と曲線の特性値

図 4.1-1 のような $y = f(x)$ の曲線の特性値(ここでは、曲線の接線の傾き、曲率と曲率半径を取り上げる)と微分の関係を整理する。

P 点の x 座標を x、Q 点の x 座標を $x+dx$ とし、P 点の接線の傾きを θ、Q 点の傾きを $\theta+d\theta$ とする。また、PQ 間の曲線の長さを ds、P 点と Q 点の法線が交わる点を O 点とし、その半径を r とする。このような記号を使い、以下のように曲線の特性値と微分の関係が求められる。

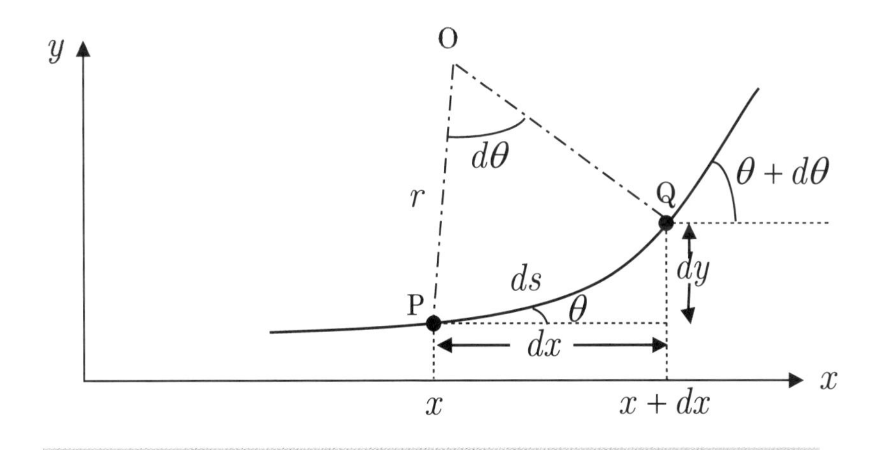

図 4.1-1　曲線とその記号

(1) P 点と Q 点の接線の傾き

P 点と Q 点の接線の傾きは、次式で与えられる。

$$\tan\theta = \frac{dy}{dx} = \frac{df(x)}{dx} = f'(x) = y' : \text{P 点の接線の傾き}$$
$$\tan(\theta + d\theta) = \frac{d(y+dy)}{dx} = \frac{df(x+dx)}{dx} = f'(x+dx) = (y+dy)' : \text{Q 点の接線の傾き} \tag{4.1-1}$$

微小 $d\theta$ なので、Q 点の接線の傾きは、以下のように P 点の接線の傾きから求められる。

$$\tan(\theta + d\theta) = f'(x+dx) = f'(x) + f''(x)dx$$
$$f'(x) = \tan\theta$$
$$f''(x) = \frac{d\tan\theta}{d\theta}\frac{d\theta}{dx} = \left(1 + \tan^2\theta\right)\frac{d\theta}{dx} = \left(1 + f'(x)^2\right)\frac{d\theta}{dx} \tag{4.1-2a}$$

上式では、次式を用いた。

$$\frac{d\tan\theta}{d\theta} = \frac{\tan(\theta + d\theta) - \tan\theta}{d\theta}$$
$$\tan(\theta + d\theta) = \frac{\sin(\theta + d\theta)}{\cos(\theta + d\theta)} = \frac{\sin\theta + d\theta\cos\theta}{\cos\theta - d\theta\sin\theta} = \tan\theta + \left(1 + \tan^2\theta\right)d\theta \tag{4.1-2b}$$

したがって、Q 点の接線の傾きは、P 点の接線の傾きと次式の関係が成り立つ。

$$\tan(\theta + d\theta) = f'(x) + f''(x)dx = f'(x) + \left(1 + f'(x)^2\right)d\theta \tag{4.1-2c}$$

上式右辺の 2 項と 3 項の比較により、 $f'(x) = y', f''(x) = y''$ なので、次式が得られる。

$$y''dx = (1 + y'^2)d\theta \rightarrow \frac{d\theta}{dx} = \frac{y''}{1 + y'^2} \tag{4.1-3}$$

すなわち、P 点の接線の傾きの角度は、座標 x の関数 $\theta(x)$ と書くことができる。その関数 $\theta(x)$ に関する変化率は、P 点の接線の傾き y' とその変化率 y'' と上式のような関係にある。

(2) P 点の曲率半径と曲率

図 4.1-1 のように曲率半径 r とすると、角度 $d\theta$ の定義($d\theta = ds / r$)より、

$$r = \frac{ds}{d\theta} \tag{4.1-4a}$$

曲率半径の逆数は、曲率 κ と呼ばれる。曲率は、円弧の長さの変化に対する角度の変化率である。すなわち、

$$\kappa = \frac{1}{r} = \frac{d\theta}{ds} \tag{4.1-4b}$$

ここで、

$$ds = \sqrt{dx^2 + dy^2} = dx\sqrt{1 + y'^2}$$
$$\frac{d\theta}{dx} = \frac{y''}{1 + y'^2} \tag{4.1-5}$$

の関係を用いると、曲率または曲率半径は、次式のように曲線の微分から求められる。

$$\kappa = \frac{d\theta}{ds} = \frac{d\theta}{dx}\frac{dx}{ds} = \frac{|\,y''\,|}{\left(\sqrt{1+y'^2}\right)^3}$$

$$r = \frac{1}{\kappa} = \frac{\left(\sqrt{1+y'^2}\right)^3}{|\,y''\,|} \qquad (4.1\text{-}6a)$$

y' が 1 より小さい場合には、y' の 2 乗の項が無視できるので、次式の近似が成立する。

$$\kappa = |\,y''\,|, \quad r = \frac{1}{|\,y''\,|} \qquad (4.1\text{-}6b)$$

ただし、上式において、負の曲率半径というのはわかり難いので、曲率半径や曲率は、正の値で与えるものとする。このため、y'' (2 階微分)は下に凸の曲線では正、上に凸の曲線では負の値をとるので、絶対値をつけて表現している。

4.1　補助記事 1　ベルヌーイ・オイラー梁の基礎方程式

ダニエルベルヌーイ（ヤコブやその弟のヨハン、そのヨハンの子ダニエルらは、梁の研究をしている）とレオンハルトオイラーの共同研究から生まれたこの梁理論は、構造力学の基礎として重要である。変形前と後の梁軸に垂直の断面は、そのまま垂直で平面を保持するという平面保持の法則を基に組み立てられている。

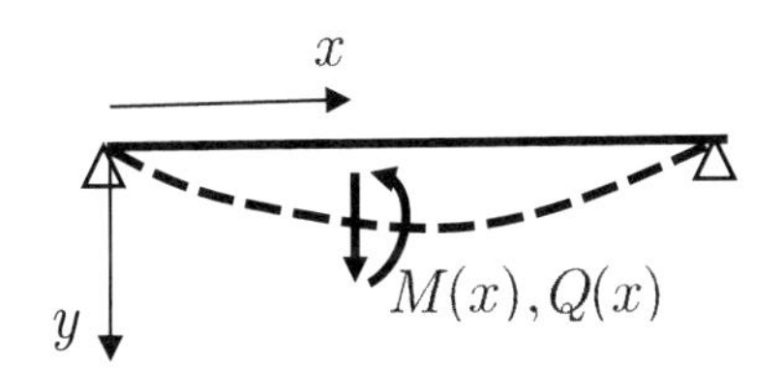

(a) 梁の変形前後の変形と曲げモーメント、せん断力の正の方向と記号

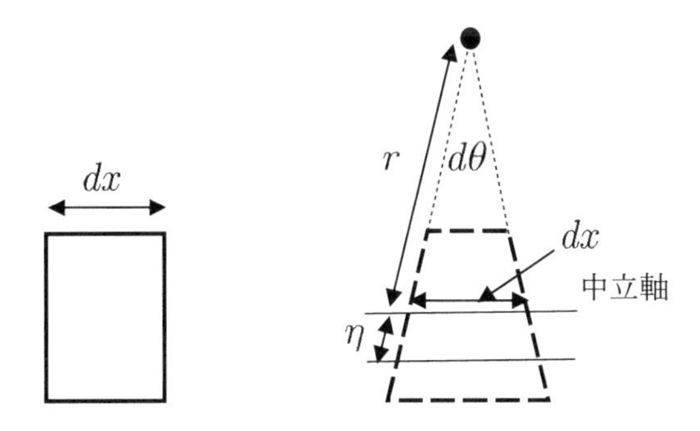

(b) 微小長さ dx の梁要素断面の変形前と後の変形と記号

図 A4.1-1-1　梁の変形と記号および微小長さ dx の梁断面の変形前後の変形と記号

図 A4.1-1-1 は、梁の変形と記号および微小長さ dx の梁断面の変形前後の変形と記号を示す。ある荷重を受けて（簡単のため荷重を表示していない）(a) のように梁が下向きに変形すると、梁の断面は、(b) のように平面を保持して変形する。梁の断面の上側は圧縮され縮むが、下側は引張を受けて伸びる。変形後に伸びと縮みのない断面の梁軸方向を中立軸と呼ぶ。

中立軸から距離 η の断面の軸歪は、次式のように伸び量の変化と元の長さの比で与えられる。

$$\varepsilon_n = \frac{\text{伸び量}}{\text{元の長さ}} = \frac{(r+\eta)d\theta - rd\theta}{dx(=rd\theta)} = \frac{\eta}{r} \qquad \text{(A4.1-1-1a)}$$

フックの法則から、ヤング率を E とすると、その軸応力は、次式で与えられる。

$$\sigma_n = E\varepsilon_n = E\frac{\eta}{r} \qquad \text{(A4.1-1-1b)}$$

この断面の曲げモーメント $M(x)$（反時計回りを正）として定義する。断面の微小面積 dA には、$\sigma_n dA$ の力が働くので、この力の中立軸回りのモーメント $\eta\sigma_n dA$ を断面積で足し合わせたものが、曲げモーメント $M(x)$ になり、次式で与えられる(積分記号は 6 章参照)。

$$\begin{aligned} M(x) &= \int \eta\sigma_n dA = \frac{E}{r}\int \eta^2 dA = \frac{EI}{r} \\ I &= \int \eta^2 dA \end{aligned} \qquad \text{(A4.1-1-2a)}$$

ここに、I は中立軸回りの断面 2 次モーメントと呼ばれる。上式と断面の軸応力を使えば、次式が得られる。

$$\sigma_n = \frac{M(x)}{I}\eta \qquad \text{(A4.1-1-2b)}$$

上式は、曲げモーメント $M(x)$ の断面の中立軸から η の軸応力を求める式である。

梁のたわみ曲線 $y(x)$ は、4.1 節 (2) 項の曲率半径と曲線の関係と曲げモーメント $M(x)$ を使えば、次式のように得られる。

$$\begin{aligned} r &= \frac{\left(\sqrt{1+y'^2}\right)^3}{|\,y''\,|} = \pm\frac{1}{y''} \\ y''(x) &= -\frac{M(x)}{EI} \end{aligned} \qquad \text{(A4.1-1-3)}$$

上式のたわみ曲線の 2 階微分と曲げモーメントの関係式において負の値を用いた理由は、図 A4.1-1-1 のようにたわみ曲線が下に凸の場合、$y''(x) < 0$ となる。一方、曲げモーメントは反時計回りを正としているので、両辺の正負を一致させるためである。

また、微小長さ dx の梁断面に単位長さ当たりの分布荷重 $q(x)$ が作用する曲げモーメントとせん断力と荷重の力とモーメントの釣り合い式は、次式のようになる。

$$
\begin{aligned}
&Q(x+dx)+q(x)dx-Q(x)=0 \rightarrow \frac{dQ(x)}{dx}=-q(x) \\
&M(x)+Q(x)dx-M(x+dx)-q(x)dx\frac{dx}{2}=0 \rightarrow \frac{dM(x)}{dx}=Q(x)
\end{aligned} \qquad \text{(A4.1-1-4)}
$$

以上の式をまとめると、次式のベルヌーイ・オイラー梁のたわみ曲線の微分方程式と断面軸応力と曲げモーメント、せん断力と分布荷重の基礎方程式が得られる。
たわみ曲線の微分方程式：

$$
\begin{aligned}
&EI\frac{d^4y(x)}{dx^4}=q(x), \quad EI\frac{d^2y(x)}{dx^2}=-M(x) \\
&\frac{dQ(x)}{dx}=-q(x) \\
&\frac{dM(x)}{dx}=Q(x)
\end{aligned} \qquad \text{(A4.1-1-5a)}
$$

断面軸応力：

$$
\sigma_n=\frac{M(x)}{I}\eta \qquad \text{(A4.1-1-5b)}
$$

基礎方程式の例題：支点から $x=a$ に集中荷重 P を受ける長さ l の単純梁の解析
この場合、曲げモーメントとせん断力は、次式で与えられる。

$$
M(x)=\begin{cases} \dfrac{Pb}{l}x & 0 \le x \le a \\ \dfrac{Pa}{l}(l-x) & a \le x \le l \end{cases}, \quad Q(x)=\begin{cases} \dfrac{Pb}{l} & 0 \le x \le a \\ -\dfrac{Pa}{l} & a \le x \le l \end{cases} \qquad \text{(A4.1-1-6)}
$$

たわみとたわみ角は、次式で与えられる。

$$
y'(x)=\begin{cases} -\dfrac{Pb}{2l}x^2+c_1 & 0 \le x \le a \\ \dfrac{Pa}{2l}(l-x)^2-c_2 & a \le x \le l \end{cases}
$$

$$
\text{(A4.1-1-7)}
$$

$$
y(x)=\begin{cases} -\dfrac{Pb}{6l}x^3+c_1x+c_3 & 0 \le x \le a \\ -\dfrac{Pa}{6l}(l-x)^3+c_2(l-x)+c_4 & a \le x \le l \end{cases}
$$

境界条件は、両支点の変位が零と荷重点のたわみとたわみ角が等しいことより、次式で与えられる。

$$
y(0)=y(l)=0, \quad y(x^-=a)=y(x^+=a), \quad y'(x^-=a)=y'(x^+=a) \qquad \text{(A4.1-1-8a)}
$$

第 1 の境界条件より、$c_3=c_4=0$ が得られる。第 2 と第 3 の境界条件から、次式が得られる。

$$ac_1 - bc_2 = \frac{Pab(a-b)}{6} \\ c_1 + c_2 = \frac{Pab}{2} \Biggr\} \rightarrow \Biggl\{ c_1 = \frac{Pab(a+2b)}{6l} \\ c_2 = \frac{Pab(2a+b)}{6l} \qquad \text{(A4.1-1-8b)}$$

たわみ曲線は、次式で与えられる。

$$y(x) = \begin{cases} \dfrac{P}{EI}\dfrac{a^2b^2}{6l}\left(\dfrac{2x}{a}+\dfrac{x}{b}-\dfrac{x^3}{a^2b}\right) & 0 \le x \le a \\ \dfrac{P}{EI}\dfrac{a^2b^2}{6l}\left(\dfrac{2(l-x)}{b}+\dfrac{(l-x)}{a}-\dfrac{(l-x)^3}{b^2a}\right) & a \le x \le l \end{cases} \qquad \text{(A4.1-1-9a)}$$

$$y(a) = \frac{Pl^3}{3EI}\frac{a^2}{l^2}\frac{b^2}{l^2}$$

たわみの最大値は、$y'(x) = 0$ より、$a = 7l/10, b = 3l/10$ の場合、次式で与えられる。

$$y_{\max}(x = 91/300l = 0.550757l) = 1.13648/y(a) \qquad \text{(A4.1-1-9b)}$$

図 A4.1-1-2 は、荷重点 $x = a = 7l/10$ のたわみ $y(a)$ で基準化したたわみ曲線を示す。横軸は梁の長さで基準化した梁の位置を示す。荷重点のたわみで基準化したたわみが 1 であることや、荷重点より手前の $x/l = 91/300 = 0.550757$ で、最大たわみ $1.13648/y(a)$ であることが確かめられる。

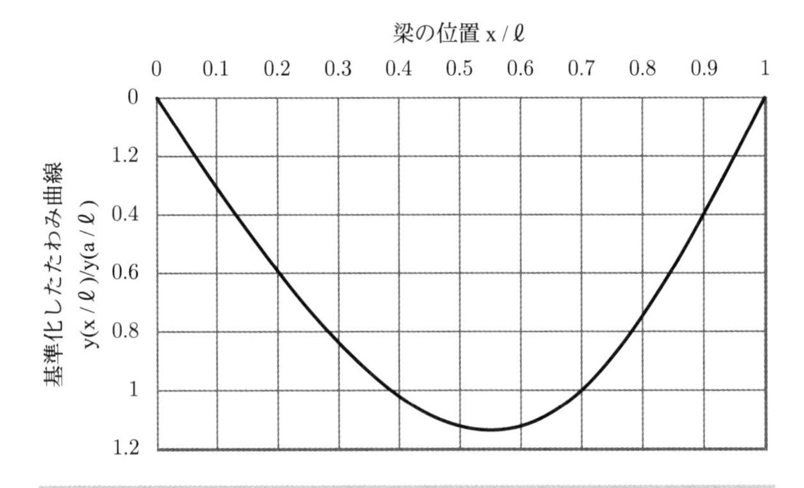

図 A4.1-1-2　荷重点のたわみで基準化したたわみ曲線

その他の梁のたわみ曲線：結果のみを示す。

左端固定・右端支持なし片持ち梁(荷重は右端)

$$y(x) = \frac{Pl^3}{2EI}\left(\frac{x^2}{l^2} - \frac{1}{3}\frac{x^3}{l^3}\right)$$

$$y(l) = \frac{Pl^3}{3EI}$$

左端単純・右端固定梁(荷重は中央)

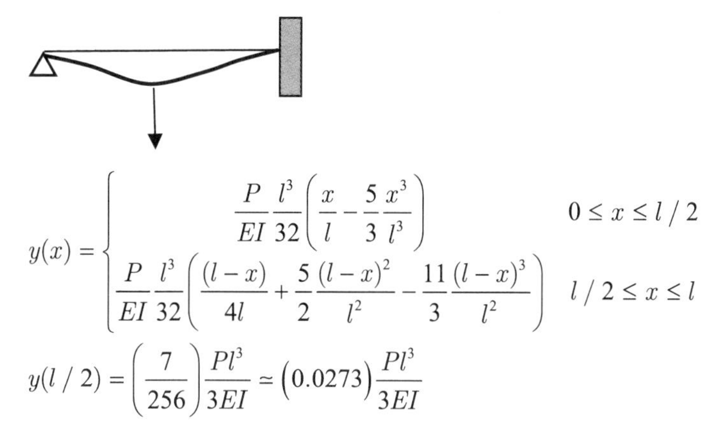

$$y(x) = \begin{cases} \dfrac{P}{EI}\dfrac{l^3}{32}\left(\dfrac{x}{l} - \dfrac{5}{3}\dfrac{x^3}{l^3}\right) & 0 \le x \le l/2 \\ \dfrac{P}{EI}\dfrac{l^3}{32}\left(\dfrac{(l-x)}{4l} + \dfrac{5}{2}\dfrac{(l-x)^2}{l^2} - \dfrac{11}{3}\dfrac{(l-x)^3}{l^2}\right) & l/2 \le x \le l \end{cases}$$

$$y(l/2) = \left(\frac{7}{256}\right)\frac{Pl^3}{3EI} \simeq \left(0.0273\right)\frac{Pl^3}{3EI}$$

両端固定梁(荷重は中央)

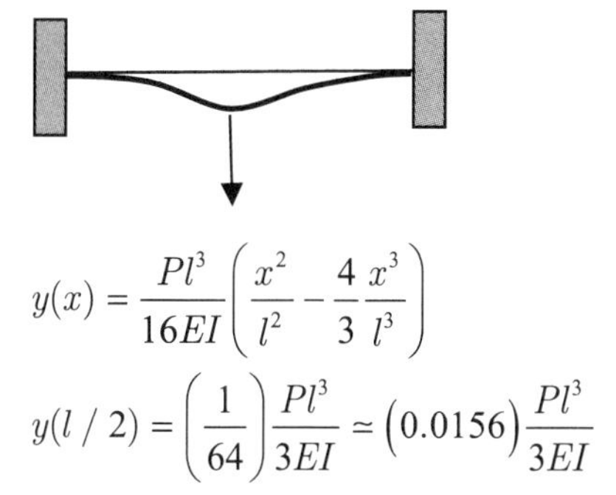

$$y(x) = \frac{Pl^3}{16EI}\left(\frac{x^2}{l^2} - \frac{4}{3}\frac{x^3}{l^3}\right)$$

$$y(l/2) = \left(\frac{1}{64}\right)\frac{Pl^3}{3EI} \simeq \left(0.0156\right)\frac{Pl^3}{3EI}$$

左端固定・右端支持なし片持ち梁(荷重は等分布)

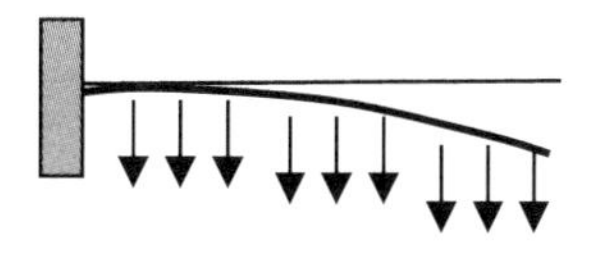

$$y(x) = \frac{ql^3}{2EI}\left(\frac{1}{2}\frac{x^2}{l^2} - \frac{1}{3}\frac{x^3}{l^3} + \frac{1}{12}\frac{x^4}{l^4}\right)$$

$$y(l) = \frac{ql^3}{8EI}$$

両端単純梁（荷重は等分布）

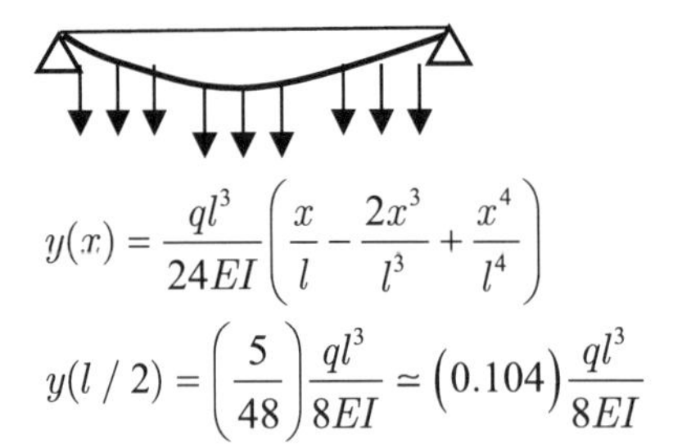

$$y(x) = \frac{ql^3}{24EI}\left(\frac{x}{l} - \frac{2x^3}{l^3} + \frac{x^4}{l^4}\right)$$

$$y(l\ /\ 2) = \left(\frac{5}{48}\right)\frac{ql^3}{8EI} \simeq (0.104)\frac{ql^3}{8EI}$$

左端単純・右端固定梁（荷重は等分布）

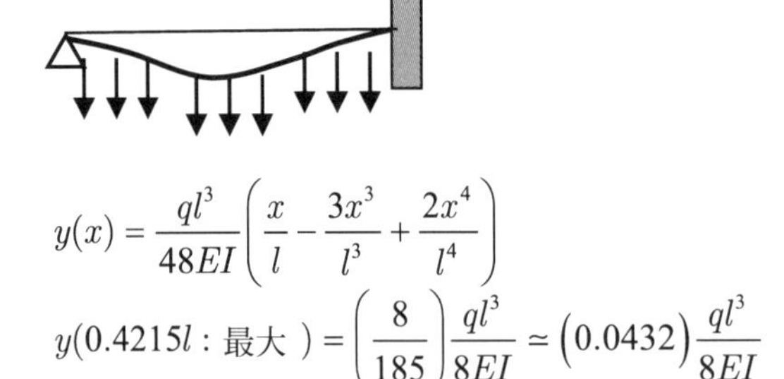

$$y(x) = \frac{ql^3}{48EI}\left(\frac{x}{l} - \frac{3x^3}{l^3} + \frac{2x^4}{l^4}\right)$$

$$y(0.4215l：\text{最大}\ ) = \left(\frac{8}{185}\right)\frac{ql^3}{8EI} \simeq (0.0432)\frac{ql^3}{8EI}$$

両端固定梁（荷重は等分布）

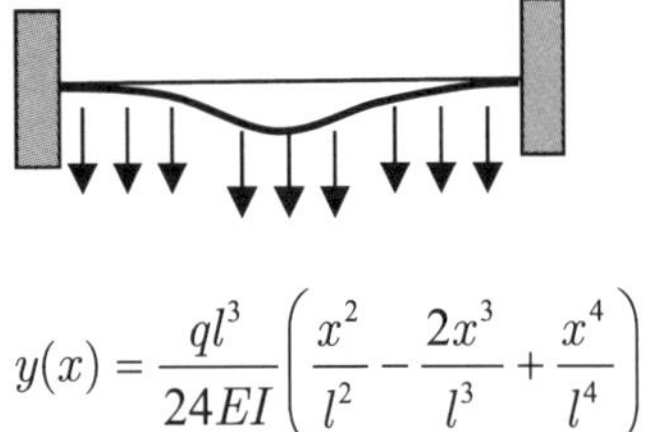

$$y(x) = \frac{ql^3}{24EI}\left(\frac{x^2}{l^2} - \frac{2x^3}{l^3} + \frac{x^4}{l^4}\right)$$

$$y(l\ /\ 2) = \left(\frac{1}{48}\right)\frac{ql^3}{8EI} \simeq (0.021)\frac{ql^3}{8EI}$$

4.1　補助記事 2　オイラーの長柱座屈

長さlの両端が回転自由（ピン支点）の座屈荷重P（両端からの圧縮荷重）について、オイラーは、たわみの基礎方程式の曲げモーメント$M(x) = Py$から以下のように考察している。

$$\frac{d^2y(x)}{dx^2} = -\frac{M(x)}{EI} = -\lambda^2 y$$
$$\lambda^2 = \frac{P}{EI} \tag{A4.1-2-1}$$

指数関数の微分は指数関数なので、微分方程式の解を $y = Ce^{\alpha x}$ と仮定すると、$\alpha = \pm i\lambda$ の２つの解が得られる。一般解はその和として、次式で与えられ、２つの定数は境界条件から決められる。

$$y = C_1 e^{i\lambda x} + C_2 e^{-i\lambda x}$$
$$C_1 = \frac{1}{2}\left(A + iB\right), C_2 = \frac{1}{2}\left(A - iB\right) = C_1^*$$
$$\text{たわみ}: y = A\cos\lambda x + B\sin\lambda x \tag{A4.1-2-2}$$
$$\text{たわみ角}: y' = -A\lambda\sin\lambda x + B\lambda\cos\lambda x$$
$$\text{モーメントに比例}: y'' = -A\lambda^2\cos\lambda x - B\lambda^2\sin\lambda x$$

オイラーの公式（$e^{\pm i\lambda x} = \cos\lambda x \pm i\sin\lambda x$）を使えば、上式の３段目の式が得られる。

両端回転自由梁の境界条件は、$y(0) = y(l) = 0$ であるので、$A = 0, B\sin\lambda l = 0$ が得られる。したがって、境界条件を満たすには、次式が成立しなければならない。

$$\sin\lambda l = 0 \to \lambda l = n\pi, (n = 1, 2, 3, \cdots)$$
$$P = \left(\frac{n}{l}\pi\right)^2 EI \tag{A4.1-2-3a}$$
$$y = B\sin\frac{n}{l}\pi x$$

上式の圧縮荷重 P を両端回転自由のオイラーの座屈荷重と呼び、下段の式は、オイラーの座屈荷重のモード形を与える。

１端自由・他端固定の梁の境界条件は、$y''(0) = 0 (M = 0), y'(l) = 0$ であるので、$A = 0, B\lambda\cos\lambda l = 0$ が得られる。境界条件を満たすには、次式が成立しなければならない。

$$\cos\lambda l = 0 \to \lambda l = \frac{2n-1}{2}\pi, (n = 1, 2, 3, \cdots)$$
$$P = \left(\frac{2n-1}{2l}\pi\right)^2 EI \tag{A4.1-2-3b}$$
$$y = B\sin\frac{2n-1}{2l}\pi x$$

両端固定梁の場合、両端に正負の圧縮荷重 P とモーメント M_0 を作用させる。この時、曲げモーメント $M(x) = Py - M_0$ から、たわみ方程式は、次式となる。

$$\frac{d^2y(x)}{dx^2} = -\frac{M(x)}{EI} = -\lambda^2\left(y - \frac{M_0}{P}\right)$$
$$\lambda^2 = \frac{P}{EI} \qquad \text{(A4.1-2-4a)}$$

この微分方程式は、$z = y - M_0 / P$ と置くと、$z'' = -\lambda^2 z$ でたわみの方程式と同じなので、その一般解は、次式で与えられる。

$$\text{たわみ}: y = A\cos\lambda x + B\sin\lambda x + \frac{M_0}{P}$$
$$\text{たわみ角}: y' = -A\lambda\sin\lambda x + B\lambda\cos\lambda x \qquad \text{(A4.1-2-4b)}$$
$$\text{モーメントに比例}: y'' = -A\lambda^2\cos\lambda x - B\lambda^2\sin\lambda x$$

両端固定梁の境界条件は、$y(0) = 0, y'(l) = 0$ であるので、$A = -M_0 / P, B = 0$ が得られる。また、$y(l) = 0, y'(l) = 0$ であるので、境界条件を満たすには、次式が成立しなければならない。

$$\sin\lambda l = 0, \cos\lambda l = 1 \rightarrow \lambda l = 2n\pi, (n = 1, 2, 3, \cdots)$$
$$P = \left(\frac{2n}{l}\pi\right)^2 EI \qquad \text{(A4.1-2-4c)}$$
$$y = \frac{M_0}{P}\left(1 - \cos\frac{2n\pi}{l}x\right)$$

以上の色々な境界条件によるオイラーの座屈荷重の中で、最小の座屈荷重は、次式で与えられる両端回転自由(ピン支点)の座屈荷重 $P(n = 1)$ である。

$$P = \frac{\pi^2 EI}{l^2} \qquad \text{(A4.1-2-5a)}$$

この時の圧縮応力は、梁の断面積 S より、次式で与えられる。

$$\sigma_c = \frac{P}{S} = \frac{\pi^2 EI}{(l / r)^2}$$
$$r = \sqrt{I / S} \qquad \text{(A4.1-2-5b)}$$

ここに、r は梁断面の回転半径、l / r は細長比と呼ばれる。**オイラーの座屈荷重**は細長比 100 以上の長柱梁では、実験値と合うが、短柱梁では、成立しない。

4.2　微分と最大・最小問題

図 4.2-1 は、関数 $y = f(x)$ の曲線を示すが、この曲線の最大や最小値と微分の関係を説明する。

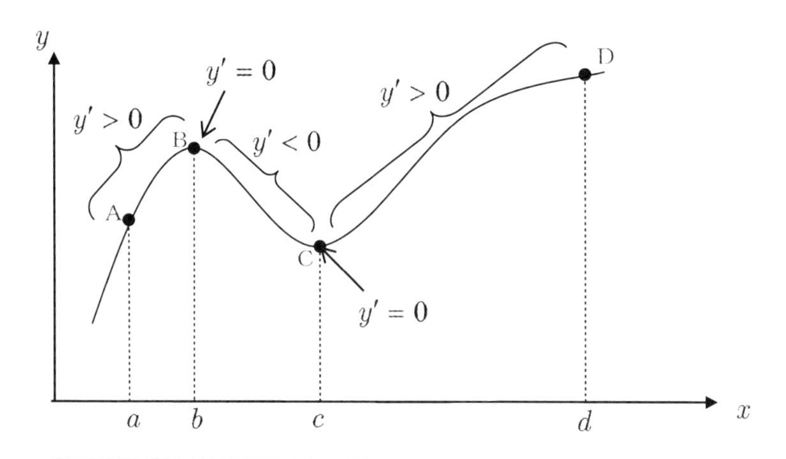

図 4.2-1　曲線の極値と最小値、最大値ならびに微分の関係

この図 4.2-1 では、$y = f(x)$ の最大値は D 点で、最小値は C 点である。AB 間と CD 間の曲線では、接線の傾き ($y' = f'(x)$ の値) は常に正であるが、BC 間の曲線では、接線の傾きは、常に負となる。B 点や C 点のように、接線の傾きが正から負、または負から正に変わる点では、接線の傾きは零となる。

このように関数 $y = f(x)$ の微分の正負を調べると、曲線の増減の様子がわかる。ここで重要な点は、関数の微分が零となるような点では、B 点や C 点のように曲線の極大値か極小値であることである。図 4.2-1 からわかるように、極大値と極小値は最大値と最小値ではないことに注意しなければならない。しかし、関数の微分が零になるような点は、関数の極値を与えるので、最大、最小値問題を解くときの重要な役割を果す。

すなわち、$y = f(x)$ が与えられ、変数の範囲 $a \le x \le d$ で、最大値か最小値を求める問題では、関数の微分を求め、この微分が零になるような点を求める。そして、その点での関数値を計算する。また、$x = a, d$ 点の関数値 $f(a), f(d)$ を計算し、これらの関数値の中から、最大と最小を選び、最大、最小問題を解くことができる。数学的には、$y' = f'(x) = 0$ の点は極大値か極小値であるが、物理的な問題では、最大(または極大値)、最小値(または極小値)の物理的意味があるので、微分が零という条件から最大値、最小値、極値の判定を迷うことはない。以下に、2 つの例題で説明する。

(1) 体積一定の円柱の最小表面積

与えられた体積 V の円柱の中で、最小の表面積を有する円中はどのような形状かを調べる。円柱の半径と高さを図 4.2-2 のように x, y とする。体積 V と表面積 A は、次式で与えられる。

$$V = \pi x^2 y, \quad A = 2\pi x^2 + 2\pi xy \tag{4.2-1a}$$

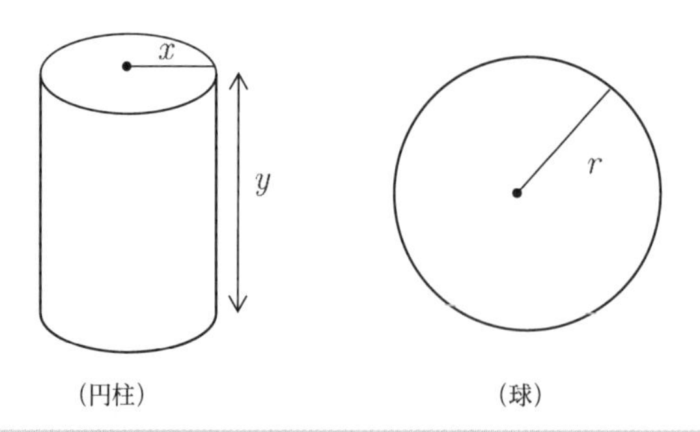

図 4.2-2　体積Vが等しい円柱と球の表面積の比較とその記号

容積Vが与えられ、最小表面積を求める問題であるので、独立変数は x,y の 2 つではなく、高さ y は x の関数で与えられる。

$$y = \frac{V}{\pi x^2} \tag{4.2-1b}$$

したがって、表面積 A が x の関数で表される。

$$A = 2\left(\pi x^2 + \frac{V}{x}\right) \tag{4.2-1c}$$

図 4.2-3 は、表面積 $A(x)$ のグラフを示す。

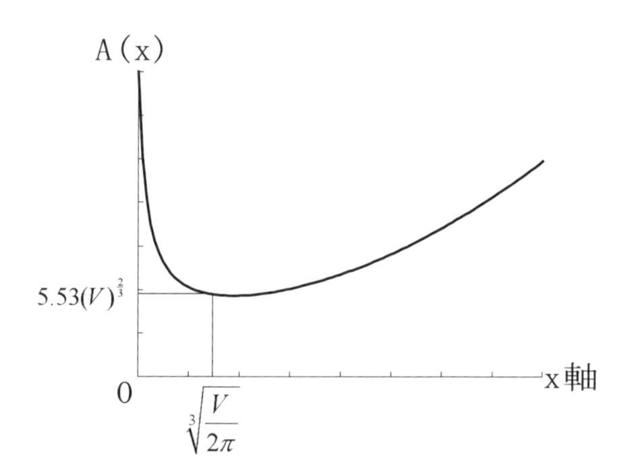

図 4.2-3　体積Vが一定のときの円柱の表面積Aと半径 x の関係

容積が定数（与えた容積）であるため、$A(x)$ と表現できる。これが最小となるためには次式が成立しなければならない。

$$\frac{dA(x)}{dx} = 2\left(2\pi x - \frac{V}{x^2}\right) = 0 \tag{4.2-2}$$

上式より、次式が得られる。

$$x = \sqrt[3]{\frac{V}{2\pi}}$$
$$y = 2x = 2\sqrt[3]{\frac{V}{2\pi}} \tag{4.2-3a}$$

このときの表面積は、

$$A\left(\sqrt[3]{\frac{V}{2\pi}}\right) = 6\pi\left(\frac{V}{2\pi}\right)^{\frac{2}{3}} \simeq 5.53(V)^{\frac{2}{3}} \tag{4.2-3b}$$

$y = 2x$ なので、円柱の直径と高さが同じ（真横から見ると正方形）ときに、与えられ容積のもとで、表面積が最小になる。

ここで、体積が同じである半径 r の球の表面積と円柱の最小表面積を比較する。球の体積 V と表面積 A は、

$$V = \frac{4}{3}\pi r^3, \qquad A = 4\pi r^2 \tag{4.2-4a}$$

体積が与えられた球の表面積は、

$$A = 4\pi\left(\frac{3V}{4\pi}\right)^{\frac{2}{3}} \simeq 4.84(V)^{\frac{2}{3}} \tag{4.2-4b}$$

一方、円柱の表面積の最小値は、

$$A \simeq 5.53(V)^{\frac{2}{3}} \tag{4.2-4c}$$

であったので、体積が同じ場合、円柱よりも球の表面積の方が小さい。後の例題では、直方体の体積と最小の表面積も解析するが、これらを用いると、体積が一定である円柱、直方体、球を比較すると、球の表面積がもっとも小さくなる。なお、体積が与えられるときの直方体の表面積が最小になるものは立方体で、その表面積は、次式で与えられる。

$$A = 6(V)^{\frac{2}{3}} \tag{4.2-4d}$$

(2) 最小の矢板建設コスト

橋脚の施工では、河川の水を締め切るために、図 4.2-4 のような止水壁、または矢板締め切りを施工することがある。洪水等で水位が上昇し、締め切り高さ h (m) を超え、内部に浸水すると、橋脚工事の遅れや浸水のポンプアップのために費用が余分にかかる。この費用は 2000 万円と見積られる。標準水位高さまでの矢板の施工費 C_0 は、1000 万円である。標準水位を超えると、矢板高さによる不安定性等の補強も必要となるので、300 h 万円のように増加する。標準水位より水位が高くなる事象は不確定であるが、この工事期間内で標準水位

を超えて矢板高さhを超える水位となる確率は、exp(-0.75h)と推定されている。もっと正確には、建設地における洪水の記録からこのような確率がどの程度であるかを分析してこれを表現する回帰式で与えることができる。矢板の建設コストが最小になる矢板高を求める。

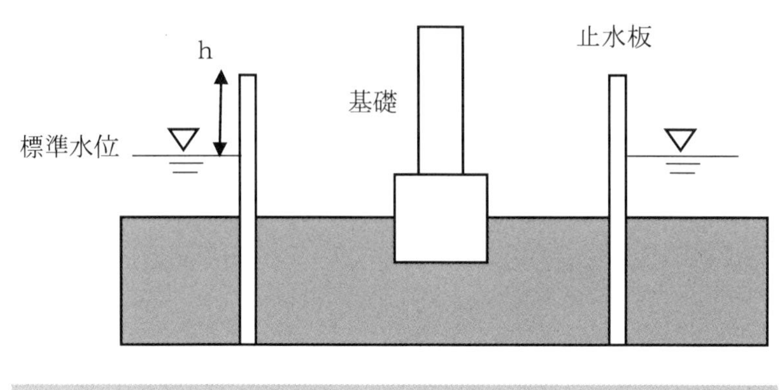

図 4.2-4　締め切り提の高さ

締め切り堤の建設費 IC(initial cost)は、

$$IC = C_0 + 300h, \quad C_0 = 1000\text{ 万円} \tag{4.2-5a}$$

洪水等の不確定性による損失費用は、建設期間内で、締め切り提を越えて浸水したときの期待損失費用 EC(expected cost)として見積もることにすると、次式となる。

$$\begin{aligned} EC &= (\text{水位が } h \text{ を超えた時の損失額}) \times (\text{工事期間中に水位が } h \text{ を超える確率}) \\ &= 2000 \cdot \exp(-0.75h) \end{aligned} \tag{4.2-5b}$$

したがって、損失額を考えた全工事費 TC(total cost)は、次式で与えられる。

$$TC = IC + EC = 1000 + 300h + 2000\exp(-0.75h) \tag{4.2-5c}$$

全工事費 TC の最小値を求めるために、TC をhで微分し、これが零となるようなhを求める。

$$\frac{dTC(h)}{dh} = 300 - 2000(0.75)\exp(-0.75h) = 0 \tag{4.2-6a}$$

上式より、$\exp(-0.75h) = 0.2$が求められる。両辺の自然対数をとると、次式のように矢板の建設コストが最小となる矢板高さが求められる。

$$\begin{aligned} -0.75h &= \ln(0.2) = -1.609 \\ h &= \frac{1.609}{0.75} = 2.14\text{m} \end{aligned} \tag{4.2-6b}$$

矢板の長さを標準水位よりも約 2.2（2.14）m 高くすると、将来の被害損失も考慮した全建設費が最小になる。このときの建設費は、

$$
\begin{aligned}
IC_{h=2.2} &= 1000 + 300 \times 2.2 = 1000 + 660 = 1660 \text{ 万円(初期建設費)} \\
EC_{h=2.2} &= 2000 \exp(-0.75 \times 2.2) = 2000 \times 0.192 = 384 \text{ 万円(損失額の期待値)} \\
TC_{h=2.2} &= IC_{h=2.2} + EC_{h=2.2} = 1660 + 384 = 2044 \text{ 万円(全建設費)}
\end{aligned} \tag{4.2-6c}
$$

建設工事のように自然災害による損失までを考慮し全建設費が最小になるような計画を立てる場合、この例のように洪水確率という不確定性が必ず存在する。不確定性のもとでの意思決定をどのようにするのが合理的であるのかという不確定性下での意思決定問題をどのように解決するのかは、土木環境分野に限らず、重要な課題である。

ここで、蛇足であるが、リスクとは、

$$R = C \times p \tag{4.2-7}$$

ここに、R はリスク、C は事故が起きた時の損失額、p は事故の起こる確率、である。リスクとは、この例題で取り扱ったように損失額の期待値で一般に定義される。リスクを減らす対策は、事故が発生したときの損失額を減らす対策、あるいは事故の起こる確率を減らす対策の２つの方法とそれらの両方の対策に分類できる。例えば、土木構造物の設計は、事故の起こる確率を零に近づける対策であり、事故が起きた時の損失額を減らす対策を考えておくことも土木構造物の設計で重要なことである。しかし、現実の土木構造物の計画・設計においては、設計仕方書に典型的に表されているように事故が起こらないような確率を零に近づける前者の対策に力点が置かれすぎ、後者の対策については計画・設計の段階であまり考えられていないことが多いように思われる。

4.3　自重による棒の変形解析

(1) 一様断面の棒の変形

図 4.3-1 のような断面積 A の一様な棒が天井に固定されているとき、この棒は自重によって伸びるが、その伸びを解析する。

図 4.3-1 のように天井から距離 x の位置での棒の変位量(伸び量)を $u(x)$ とする。実験的には、伸びが見えるような柔らかいゴムの棒に格子状に線を前もって付けて、これを天井に固定してぶら下げて、格子状の線の変化から伸び量を見ることができる。多分、天井に固定した近くの伸びは小さく、下にゆくほど大きくなるものと想像できよう（やってみるとよい)。しかし、ここでは、以下に示すように微分の考え方や力の法則に基づいて棒の変形を解析する。

図 4.3-1 のように x と $x+dx$ (dx は微小であるが、図ではわかるように大きく描いている)における棒を切り出して（切り出すと考える)、この微小長さの棒に作用する力の釣り合いを考える。x 地点における断面内の応力（単位面積当たりの力）を $\sigma(x)$ とすると、$x+dx$ の応力は $\sigma(x+dx)$ と表される。力学では、断面内に発生する応力の向きは、図 4.3-1 のように $x+dx$（前面と呼ぶ）の応力の向きを座標の正の方向に取り、x(後面)では負の方向にとるのが一般的な約束であるので覚えておくこと。

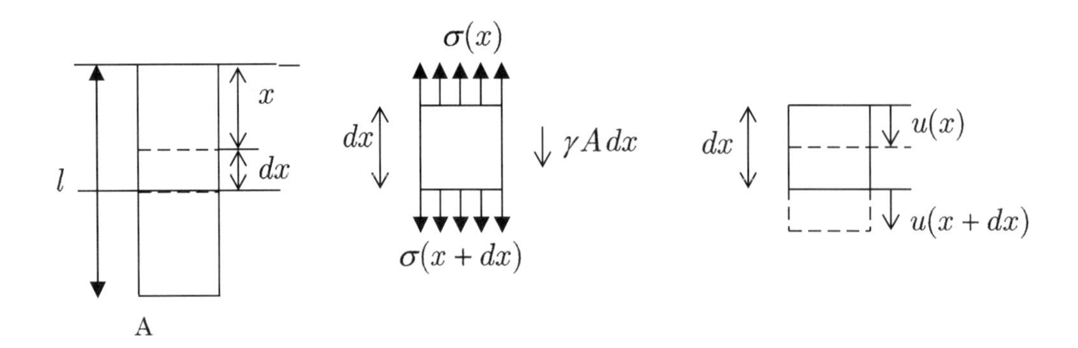

図 4.3-1　自重による一様断面の棒と微小要素の力のつり合いとその記号

さて、棒の単位体積当たりの重量を γ とすると、一様な棒全体の重量 W との間には、次式が成り立つ。

$$W = \gamma A l \tag{4.3-1a}$$

ここに、l は伸びのない状態の棒の長さを表す。微小長さの棒に作用する力は、断面 x と $x+dx$ に作用する応力の他に、微小長さの棒の自重が下方向に作用している。したがって、x 軸方向の力のつりあい式は、次式となる。

$$A\sigma(x+dx) + \gamma A\,dx - A\sigma(x) = 0 \tag{4.3-1b}$$

ここで、テイラー展開を使うと、$\sigma(x+dx)$は、応力 $\sigma(x)$ で次式のように近似できる。

$$\sigma(x+dx) = \sigma(x) + \frac{d\sigma(x)}{dx}dx + \frac{1}{2!}\frac{d^2\sigma(x)}{dx^2}dx^2 + \cdots \tag{4.3-1c}$$

2 乗以上の項を無視すると、

$$\sigma(x+dx) = \sigma(x) + \frac{d\sigma(x)}{dx}dx \tag{4.3-1d}$$

もちろん、この式は以下のように微分の定義式になっているので、テイラー展開をして求めることなく使えるようになるとよい。

$$\frac{d\sigma(x)}{dx} = \frac{\sigma(x+dx) - \sigma(x)}{dx} \tag{4.3-1e}$$

これを力のつり合い式に代入すると、次式が得られる。

$$\frac{d\sigma(x)}{dx} + \gamma = 0 \tag{4.3-1f}$$

ここで、棒の歪み $\varepsilon(x)$ を導入する。よく知られているように、棒の歪みは、元の棒の長さと、力を受けた後の変形後の棒の長さの伸び量の比率として与えられる。微小長さの棒が変形後に、x 断面が $u(x)$ 、$x+dx$ 断面は $u(x+dx)$ 伸びるため、歪みは、次式で与えられる。

$$\varepsilon(x) = \frac{\text{伸び量}}{\text{もとの長さ}} = \frac{u(x+dx)-u(x)}{dx} = \frac{du(x)}{dx} \tag{4.3-2a}$$

また、フックの法則（Hooke, 英 , 1635 ～ 1703）としてよく知られているように、応力と歪みの間には、比例関係が成り立つ。

$$\sigma(x) = E\varepsilon(x) \tag{4.3-2b}$$

ここに、E は棒のヤング率（Young, 英 , 1773 ～ 1829）である。

歪みと変位の微分の関係を上式の応力と歪みの関係に代入し、この応力を力のつり合い式に代入すると、次式が得られる。

$$\frac{d^2u(x)}{dx^2} = -\frac{\gamma}{E} \tag{4.3-3a}$$

2 階微分が一定であるため、1 階微分と変位は、次式で与えられる。

$$\frac{du(x)}{dx} = -\frac{\gamma}{E}x + C_0, \quad u(x) = -\frac{\gamma}{2E}x^2 + C_0x + C_1 \tag{4.3-3b}$$

C_0, C_1 は定数で境界条件から決められる。この問題の境界条件は、固定点で棒の伸びは零、自由端で応力が零である。この 2 つの境界条件は、次式で与えられる。

$$u(0) = 0, \quad \frac{du(l)}{dx} = 0, \quad \left(\because \sigma(l) = E\frac{du(l)}{dx} = 0 \right) \tag{4.3-3c}$$

これを満足するためには、定数は、

$$C_0 = -\frac{\gamma}{E}l, \quad C_1 = 0 \tag{4.3-3d}$$

したがって、棒の伸びと棒の先端の伸びは、次式で与えられる。

$$\begin{aligned} u(x) &= -\frac{\gamma}{2E}(x^2 - 2lx) \\ u(l) &= \frac{\gamma}{2E}l = \frac{Wl}{2EA} \end{aligned} \tag{4.3-4a}$$

棒内部の応力は、次式で与えられる。1 次関数的（直線的）に変化し、天井の付け根で最大となる（棒の重量を断面積で除した値に等しい）。

$$\begin{aligned} \sigma(x) &= -\gamma(x - l) \\ \sigma(0) &= \gamma l = \frac{W}{A} \end{aligned} \tag{4.3-4b}$$

（2）一様断面応力の棒の断面変化

図 4.3-2 のように自重による棒の内部の応力が一定で、許容応力（この応力になると棒が破断するかもしれない応力 σ_a）に等しくなる棒の断面積 $A(x)$ を求める。

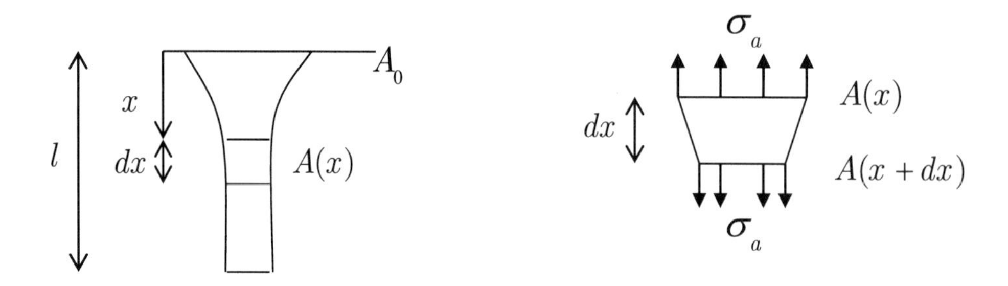

図 4.3-2　自重による棒の断面応力が一定になる棒の断面変化

棒上端から距離 x の断面積を $A(x)$ とする。微小長さの棒の力のつり合い式は、次式となる。

$$A(x+dx)\sigma_a + \gamma A(x)dx - A(x)\sigma_a = 0 \tag{4.3-5a}$$

テイラー展開により、

$$A(x+dx) = A(x) + \frac{dA(x)}{dx}dx \tag{4.3-5b}$$

したがって、次式が得られる。

$$\frac{dA(x)}{dx} + \frac{\gamma}{\sigma_a}A = 0,\ \text{または}\ \frac{dA(x)}{dx} = -\frac{\gamma}{\sigma_a}A \tag{4.3-6a}$$

指数関数は、微分しても指数関数になるので、上式の微分方程式の解は以下のように求められる。断面積を次式のように指数関数に仮定する。

$$A(x) = Ce^{\lambda x} \tag{4.3-6b}$$

この微分は、$A'(x) = \lambda Ce^{\lambda x} = \lambda A(x)$ となる。これらを微分方程式に代入すると、次式が得られる。

$$\lambda = -\frac{\gamma}{\sigma_a} \tag{4.3-6c}$$

断面積の一般解は、次式のように求められる。

$$A(x) = Ce^{-\frac{\gamma}{\sigma_a}x} \tag{4.3-6d}$$

ここに、C は境界条件から決められる。固定端の断面積を A_0 とすると、この境界条件を満たすためには、係数 $C = A_0$ となる。したがて、断面積は、次式の指数関数で与えられる。

$$A(x) = A_0e^{-\frac{\gamma}{\sigma_a}x} \tag{4.3-7a}$$

このような断面変化をさせれば、自重による断面応力は一定となる。天井から伸びる氷柱や鍾乳石等の自然形状は、天井部から先端にかけて徐々に細くなる。上式はその断面形状が指数関数で小さくなることを示す。

また、ひずみと応力、伸びの関係から、

$$\sigma(x) = E\varepsilon(x), \quad \varepsilon(x) = \frac{du(x)}{dx} \rightarrow \frac{du(x)}{dx} = \frac{\sigma_a}{E} \tag{4.3-7b}$$

変位の微分は一定(ひずみが一定)であることがわかる。この微分方程式を満足する変位関数は、

$$u(x) = \frac{\sigma_a}{E} x + C_0 \tag{4.3-7c}$$

固定端で変位は零という境界条件より、係数$C_0 = 0$となるので、棒の変位と自由端の変位は、次式で与えられる。

$$\begin{aligned} u(x) &= \frac{\sigma_a}{E} x \\ u(l) &= \frac{\sigma_a}{E} l \end{aligned} \tag{4.3-7d}$$

4.4　自重によるケーブルのたわみ曲線とカテナリー曲線

図 4.4-1 のように、ケーブルの単位長さ当たりの重量 W を有するケーブルを水平方向に H の力で引っ張る時、ケーブルは自重によってたわむ。このたわみ曲線を解析する。

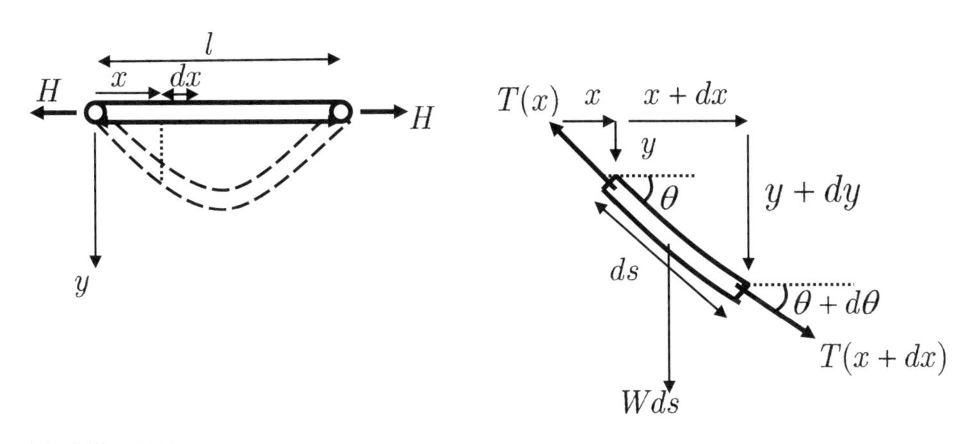

(a) 座標と記号　　(b) 断面力と張力と記号

図 4.4-1　水平力Hで引っ張られるケーブルの自重によるたわみ曲線と記号

図 4.4-1 (a) のような座標で、自重による撓んだケーブルの (x, y) 点と $(x + dx, y + dy)$ 点で、仮想的にケーブルを切り出す。その両断面には張力$T(x), T(x + dx)$と、自重Wdsが作用している(図 4.4-1 (b))。

水平方向と鉛直方向の力のつり合い式は、

$$\begin{aligned} T(x)\cos\theta - T(x + dx)\cos(\theta + d\theta) &= 0 \\ T(x)\sin\theta - Wds - T(x + dx)\sin(\theta + d\theta) &= 0 \end{aligned} \tag{4.4-1a}$$

ケーブルは水平方向に一定の力Hで引っ張られているので、

$$T(x)\cos\theta = T(x+dx)\cos(\theta+d\theta) = H \tag{4.4-1b}$$

と置くことができる。したがって、未知の張力は

$$T(x) = \frac{H}{\cos\theta}, \quad T(x+dx) = \frac{H}{\cos(\theta+d\theta)} \tag{4.4-1c}$$

これを鉛直方向の力のつり合い式に代入すると、次式が得られる。

$$\tan(\theta+d\theta) - \tan\theta = -\frac{W}{H}ds \tag{4.4-1d}$$

また、$\tan\theta = y'$ を考慮すると、次式が得られる。

$$y'' = \frac{d\tan\theta}{dx} = \frac{\tan(\theta+d\theta)-\tan\theta}{dx} = -\frac{W}{H}\frac{ds}{dx} \tag{4.4-2a}$$

ここで、$ds = \sqrt{dx^2+dy^2} = dx\sqrt{1+y'^2}$ を考慮すると、次式が得られる。

$$y'' = -\frac{W}{H}\sqrt{1+y'^2} \tag{4.4-2b}$$

また、たわみ角 $\tan\theta = y'$ が 1 より十分に小さい場合には、

$$y'' = -\frac{W}{H} \tag{4.4-2c}$$

(1) たわみ角が小さい場合のたわみ曲線(放物線)

水平力Hで引っ張られるケーブルにおいて、自重によるケーブルのたわみ曲線が次式で与えられる場合、ケーブルのたわみ曲線を求める。ただし、$y(0) = y(l) = 0$ とする。

$$y'' = -\frac{W}{H} \tag{4.4-3}$$

この解は、次式のようになる。

$$\begin{aligned} y' &= -\frac{W}{H}x + C_0 \\ y &= -\frac{W}{2H}x^2 + C_0 x + C_1 \end{aligned} \tag{4.4-4a}$$

ここに、C_0, C_1 は定数で、境界条件 $y(0) = y(l) = 0$ から次式のように決められる。

$$C_0 = \frac{Wl}{2H}, \quad C_1 = 0 \tag{4.4-4b}$$

したがって、たわみ曲線は、次式のような放物線となる。

$$\begin{aligned} y &= \frac{W}{2H}x(l-x) \\ \frac{y(x)}{y_{\max}} &= 4\frac{x}{l}\left(1-\frac{x}{l}\right) \\ y_{\max}(x = l/2) &= \frac{Wl^2}{8H}, \left(\because y' = -\frac{W}{H}\left(x-\frac{l}{2}\right) = 0\right) \end{aligned} \tag{4.4-4c}$$

(2) 厳密なたわみ曲線(カテナリー曲線)

水平力Hで引っ張られるケーブルにおいて、自重によるケーブルのたわみ曲線が次式で与えられる場合、ケーブルのたわみ曲線を求める。ただし、$y(0)=y(l)=0$とする。

$$y''=-\frac{W}{H}\sqrt{1+y'^2} \tag{4.4-5}$$

この微分方程式を解くために、$z=y'$と置く。これを代入すると、

$$\frac{dz}{\sqrt{1+z^2}}=-\frac{W}{H}dx=-\alpha dx,\quad \alpha=\frac{W}{H} \tag{4.4-6a}$$

この解は、すぐにはわからないが、次式の対数関数の微分を使う。

$$\frac{d}{dz}\ln\left(z+\sqrt{1+z^2}\right)=\frac{1+\frac{1}{2}\left(1+z^2\right)^{-1/2}2z}{\left(z+\sqrt{1+z^2}\right)}=\frac{1}{\sqrt{1+z^2}} \tag{4.4-6b}$$

上式より、次式が得られる。

$$\ln\left(z+\sqrt{1+z^2}\right)=-\alpha x+C_0 \tag{4.4-6c}$$

これより、

$$z+\sqrt{1+z^2}=C_1\mathrm{e}^{-\alpha x}\rightarrow 1+z^2=\left(C_1\mathrm{e}^{-\alpha x}-z\right)^2 \tag{4.4-6d}$$

したがって、

$$\begin{aligned}y'=z&=\frac{1}{2}\left(C_1\mathrm{e}^{-\alpha x}-\frac{1}{C_1}\mathrm{e}^{\alpha x}\right)\\ y&=\frac{1}{2}\left(-\frac{C_1}{\alpha}\mathrm{e}^{-\alpha x}-\frac{1}{C_1\alpha}\mathrm{e}^{\alpha x}\right)+C_2\end{aligned} \tag{4.4-7a}$$

境界条件$y(0)=y(l)=0$より、2個の定数が次式のように求められる。

$$C_1=\mathrm{e}^{\frac{\alpha l}{2}},\quad C_2=\frac{1}{2\alpha}(\mathrm{e}^{\frac{\alpha l}{2}}+\mathrm{e}^{-\frac{\alpha l}{2}}) \tag{4.4-7b}$$

たわみ曲線は、次式のようになる。この曲線は、カテナリー曲線と呼ばれる。

$$\begin{aligned}y&=-\frac{1}{2\alpha}\left(\left(\mathrm{e}^{\alpha(x-l/2)}+\mathrm{e}^{-\alpha(x-l/2)}\right)-\left(\mathrm{e}^{\alpha l/2}+\mathrm{e}^{-\alpha l/2}\right)\right)\\ y&=-\frac{1}{\alpha}\left(\cosh\alpha\left(x-\frac{l}{2}\right)-\cosh\frac{\alpha l}{2}\right)\\ \frac{y(x)}{y_{\max}}&=\frac{\cosh\alpha l\left(\frac{x}{l}-\frac{1}{2}\right)-\cosh\frac{\alpha l}{2}}{1-\cosh\frac{\alpha l}{2}}\\ y_{\max}(x=l/2)&=\frac{1}{\alpha}\left(\cosh\frac{\alpha l}{2}-1\right)=\frac{H}{W}\left(\cosh\frac{Wl}{2H}-1\right)\end{aligned} \tag{4.4-7c}$$

ここで、次式の多項式の右辺第２項までの近似を用いると、カテナリー曲線は、前に求めた放物線となる。

$$\cosh x = 1 + \frac{x^2}{2!} + \frac{x^4}{4!} + \frac{x^6}{6!} + \cdots \tag{4.4-7d}$$

$$y = \frac{W}{2H} x(l - x)$$

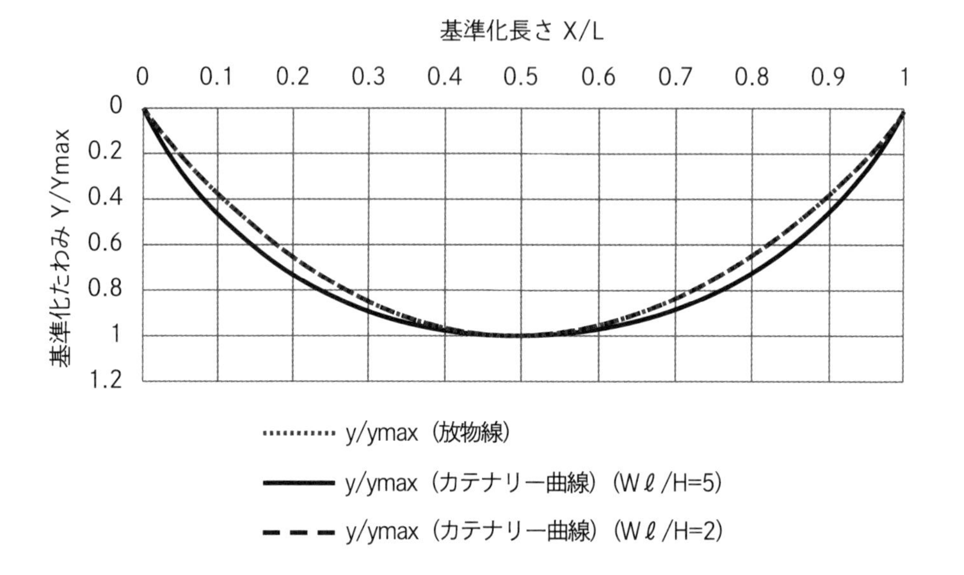

図 4.4-2　基準化カテナリー曲線と基準化放物線の比較
（ケーブル全重量と水平張力の比 $Wl / H = 2,5$）

図 4.4-2 は、ケーブルの全重量と水平張力の比 $Wl / H = 2,5$ とした場合における基準化カテナリー曲線と基準化放物線を比較したものである。水平張力が小さい場合（$Wl / H = 5$）、カテナリー曲線と放物線は違うが、水平張力が大きい場合（$Wl / H = 2$）には、カテナリー曲線は放物線に近くなる。

カテナリー曲線と放物線のたわみの最大値は、ケーブル全重量と水平張力の比で、次式のようにかわるが、水平張力が大きいとたわみの最大値は小さくなる。

$$\text{カテナリー曲線}\quad y_{\max}(x = l/2) = \frac{H}{W}\left(\cosh\frac{Wl}{2H} - 1\right) = \begin{cases} 0.27l & \dfrac{Wl}{H} = 2 \\ 1.03l & \dfrac{Wl}{H} = 5 \end{cases}$$

$$\text{放物線}\quad y_{\max}(x = l/2) = \frac{Wl^2}{8H} = \frac{Wl}{8H} l = \begin{cases} 0.25l & \dfrac{Wl}{H} = 2 \\ 0.63l & \dfrac{Wl}{H} = 5 \end{cases} \tag{4.4-8}$$

4.5　等速円運動と振り子の振動解析

(1) 等速円運動

図 4.5-1 (a) のように半径 r の円上を一定の速度で回転している質点 P の運動を解析する。一定速度で回転するため、回転角速度が一定である。このため、単位時間に変化する角度、すなわち、角速度 ω (rad/s) を用いる (ω ：オメガと呼ぶ)。簡単のために、時刻 $t=0$ に質点 P は x 軸上にあるとすると、任意の時刻 t には、x 軸と角度 $\theta(t)=\omega t$ の位置 P にある。したがって、P 点の位置は、次式で与えられる。

$$
\begin{aligned}
x(t) &= r\cos\theta(t) = r\cos\omega t \\
y(t) &= r\sin\theta(t) = r\sin\omega t
\end{aligned} \tag{4.5-1a}
$$

ここで、質点 P の速度や加速度を考察する。x, y 軸方向の速度や加速度は、その時間的変化率なので、時間の関数である位置を微分し、次式で与えられる。

$$
\begin{aligned}
v_x &= \dot{x}(t) = -r\omega\sin\omega t = -\omega y \\
v_y &= \dot{y}(t) = r\omega\cos\omega t = \omega x \\
a_x &= \dot{v}_x = \ddot{x}(t) = -r\omega^2\cos\omega t = -\omega^2 x \\
a_y &= \dot{v}_y = \ddot{y}(t) = -r\omega^2\sin\omega t = -\omega^2 y
\end{aligned} \tag{4.5-1b}
$$

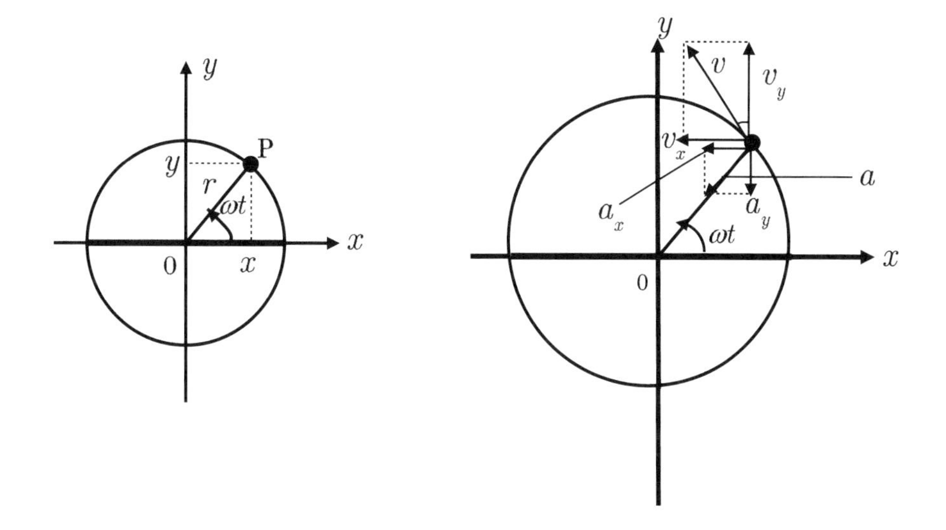

(a) 等速円運動の質点位置と記号　　(b) 等速円運動の質点速度と加速度ベクトルと記号

図 4.5-1　等速円運動の座標と位置(a)および速度・加速度ベクトル(b)

これらの速度と加速度の様子を図示すると図 4.5-1 (b) のようになる。速度は円の接線方向に向き、その大きさは

$$v = \sqrt{v_x^2 + v_y^2} = r\omega \tag{4.5-1c}$$

一方、加速度は円の中心方向に向き、その大きさは、

$$a = \sqrt{a_x^2 + a_y^2} = r\omega^2 = \frac{v^2}{r} \tag{4.5-1d}$$

ニュートンの運動法則(第2法則)によると、運動する物体には、加速度に比例する力が加速度の方向に作用するので、上記の等速円運動をしている質点P(質量をmとする)には、次式の円の中心に向かう力fが作用する。

$$f = ma = mr\omega^2 \tag{4.5-2a}$$

この力が作用しないと円運動は生じない。円運動のもっとも身近な例として、図4.5-2のように一定の長さrの紐の先に質点をつけて振り回し、円運動をさせる場合を考える。紐によって中心に向かって質点は引っ張られているが、この力が、上記の力である。作用反作用の法則(ニュートンの第3の運動法則)を持ち出すまでもないが、中心に向かって引っ張っている腕には、腕を中心から外側に引っ張る力を感じるはずである。このように加速度と反対方向に作用する力は慣性力と呼ばれ、その大きさは、次式で与えられる(正負に注意、加速度の向きと逆向きであることに注意)。

$$f_I = -ma = -mr\omega^2 \tag{4.5-2b}$$

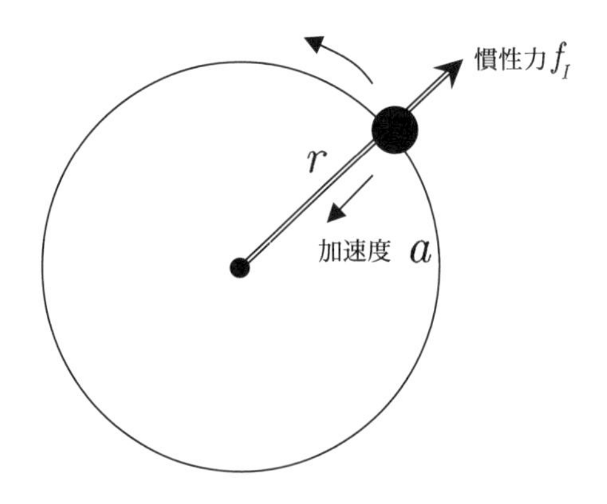

図4.5-2　円上の質点の運動のイメージ図

(2) 振り子の振動解析

図4.5-3の左図(a)ように長さlの振り子の紐の固定端を左右に揺らすと、振り子は揺れる。この振り子の運動を解析するために、図4.5-3のように座標を設定し、任意の時刻における質点の位置を$x(t), y(t)$とする。また、この時の紐の角度を$\theta(t)$とする。

ここで、質点に作用している力をニュートンの運動第2法則に従って考える。紐の張力を$f(t)$とすると、質点には図4.5-3(b)のように張力と重力mgが作用している。

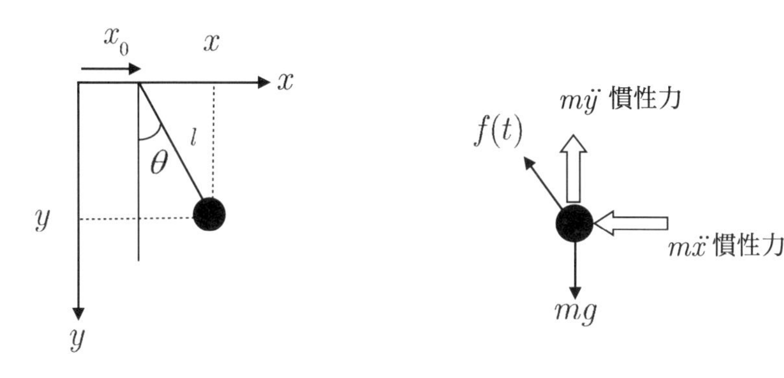

(a) 支点強制変位による振り子の座標と記号　　(b) 質点への作用力

図 4.5-3　支点への強制変位を受ける振り子の座標と記号(a)および作用力(b)

運動の第 2 法則は、加速度運動をしている物体には加速度の方向に力が作用し、その力は加速度に比例する（比例定数を物体の質量 m と定義する）。この法則を用いれば、任意時刻での質点の位置は $x(t), y(t)$ なので、x, y 軸方向の加速度は、時間に関する 2 階微分で与えられ、加速度の方向は座標軸の正の方向である。張力と重力による座標方向の力は、$-f\sin\theta, -f\cos\theta+mg$ なので、次式が成り立つ。

$$\begin{aligned} m\ddot{x} &= -f\sin\theta \\ m\ddot{y} &= -f\cos\theta + mg \end{aligned} \tag{4.5-3a}$$

また、幾何学的な関係から、次式が成り立つ。

$$\begin{aligned} x &= x_0 + l\sin\theta \\ y &= l\cos\theta \end{aligned} \tag{4.5-3b}$$

ここで、$x_0(t)$ は左右に揺らす紐の動きで、前もって与えられる。したがって、未知数は、$x(t), y(t), \theta(t), f(t)$ の 4 つである。これらに関する 4 つの関係式が与えられたので、4 つの関係式から 4 つの未知数を一意に決めることができる。

張力を消去すると、次式が得られる。

$$\ddot{x} + \left(g - \ddot{y}\right)\tan\theta = 0 \tag{4.5-3c}$$

ここで、幾何学的な関係式から、次式が得られる。

$$\begin{aligned} \dot{x} &= \dot{x}_0 + l\dot{\theta}\cos\theta \\ \dot{y} &= -l\dot{\theta}\sin\theta \end{aligned} \tag{4.5-3d}$$

上式を更に微分すると、次式が得られる。

$$\begin{aligned} \ddot{x} &= \ddot{x}_0 - l\dot{\theta}^2\sin\theta + l\ddot{\theta}\cos\theta \\ \ddot{y} &= -l\dot{\theta}^2\cos\theta - l\ddot{\theta}\sin\theta \end{aligned} \tag{4.5-3e}$$

この式を考慮すると、角度θのみに関する次式が得られる。

$$\ddot{\theta}+\frac{g}{l}\sin\theta=-\frac{\cos\theta}{l}\ddot{x}_0 \tag{4.5-4a}$$

上式の解$\theta(t)$が求まれば、振り子の運動がわかる。張力も次式から求められる。

$$f(t)=mg\cos\theta+ml\dot{\theta}^2-m\ddot{x}_0\sin\theta \tag{4.5-4b}$$

上式の張力右辺第1項は、重力によるものである。第2項は、円運動の慣性力によるものである。角速度ωが一定であれば、$\dot{\theta}=\omega$より、$ml\omega$となるが、角度が時間的に変化する一般的な場合は、角速度$\dot{\theta}$の2乗に紐の長さと質量を掛けた$ml\dot{\theta}^2$となる。最後の第3項は、紐を水平方向に揺らす慣性力によるものである。

ここで、振り子の振れ角θが大きくなく、$\sin\theta\simeq\theta,\cos\theta\simeq1$の場合には、運動方程式と張力は、次式のように簡単になる。

$$\begin{aligned}&\ddot{\theta}+\frac{g}{l}\theta=-\frac{\ddot{x}_0}{l}\\&f(t)=mg+ml\dot{\theta}^2-m\ddot{x}_0\theta\end{aligned} \tag{4.5-4c}$$

このように、未知変数の微分を含む方程式は、微分方程式と呼ばれ、この微分方程式を解く方法が微分方程式理論として確立している。

以下に図4.5-4のように紐の端は固定され、$t=0$で角度θ_0の位置から手をはなした時の振り子の運動を解析する（角度は小さいものとする）。この場合の運動方程式と初期条件は、次式で与えられる。

$$\begin{aligned}&\ddot{\theta}+\omega_0^2\theta=0,\quad \omega_0=\sqrt{g/l}\\&\theta(t=0)=\theta_0,\quad \dot{\theta}(t=0)=0\end{aligned} \tag{4.5-5}$$

この微分方程式も指数関数の微分は指数関数になるという性質を使って、解として指数関数を仮定する。

$$\theta=Ce^{\lambda t} \tag{4.5-6a}$$

これを微分方程式に代入すると、次式が得られる。

$$\left(\lambda^2+\omega_0^2\right)\theta=0\rightarrow\lambda^2+\omega_0^2\rightarrow\lambda=\pm i\omega_0 \tag{4.5-6b}$$

上式より、$\theta=C_1e^{i\omega_0 t},C_2e^{-i\omega_0 t}$の2つの解は、微分方程式を満足する解である。その和も解であることは、容易にわかる。

$$\theta=C_1e^{i\omega_0 t}+C_2e^{-i\omega_0 t} \tag{4.5-6c}$$

また、オイラーの公式を使うと、次式のように書き変えられる。

$$\begin{aligned}\theta&=\left(C_1+C_2\right)\cos\omega_0 t+i\left(C_1-C_2\right)\sin\omega_0 t\\&=A\cos\omega_0 t+B\sin\omega_0 t\\\dot{\theta}&=-A\omega_0\sin\omega_0 t+B\omega_0\cos\omega_0 t\\A&=\left(C_1+C_2\right),B=i\left(C_1-C_2\right)\\C_1&=\frac{1}{2}\left(A-iB\right),C_2=\frac{1}{2}\left(A+iB\right)=C_1^*\end{aligned} \tag{4.5-6d}$$

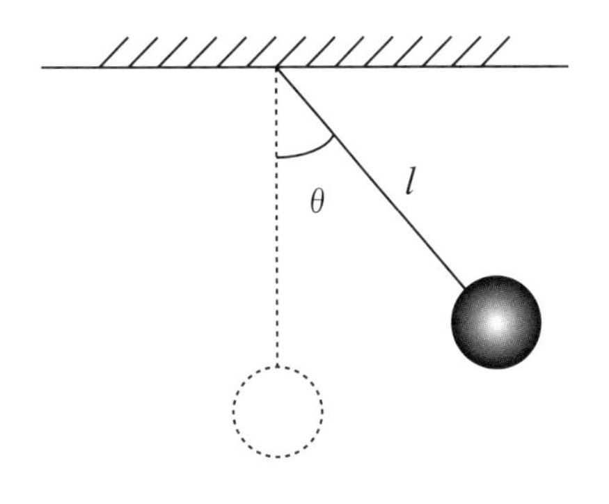

図 4.5-4　初期状態 θ_0 から静かに手を離した振り子運動

上式は、微分方程式の一般解と呼ばれ、初期条件から実係数 A, B が決まる。上式下段式は実係数と複素係数 C_1, C_2 の関係式である。2 つの複素係数は、共役複素数であることを表す。

初期条件 $\theta(t=0)=\theta_0, \dot{\theta}(t=0)=0$ を満足する係数 A, B は、以下のように求められる。

$$\begin{aligned} &\theta(t=0) = A = \theta_0 \\ &\dot{\theta}(t=0) = B\omega_0 = 0 \end{aligned} \qquad (4.5\text{-}6e)$$

したがって、初期条件を満たす解は、次式で与えられる。

$$\begin{aligned} &\theta(t) = \theta_0 \cos \omega_0 t \\ &\dot{\theta}(t) = -\theta_0 \omega_0 \sin \omega_0 t \end{aligned} \qquad (4.5\text{-}7a)$$

この式の角度は、図 4.5-5 のように三角関数で、振り子が元の位置に戻るまでの時間（これを周期という）は、三角関数の性質（$\omega_0 T_0 = 2\pi$）から、次式で与えられる。

$$T_0 = \frac{2\pi}{\omega_0} = 2\pi\sqrt{l/g} \qquad (4.5\text{-}7b)$$

図 4.5-5 は、$\theta_0 = 1, \omega_0 = 2\pi \mathrm{rad/s} (T_0 = 1\mathrm{s})$ の時の角度の時間変化を表す。周期 1 秒でいつまでも振動し続ける。

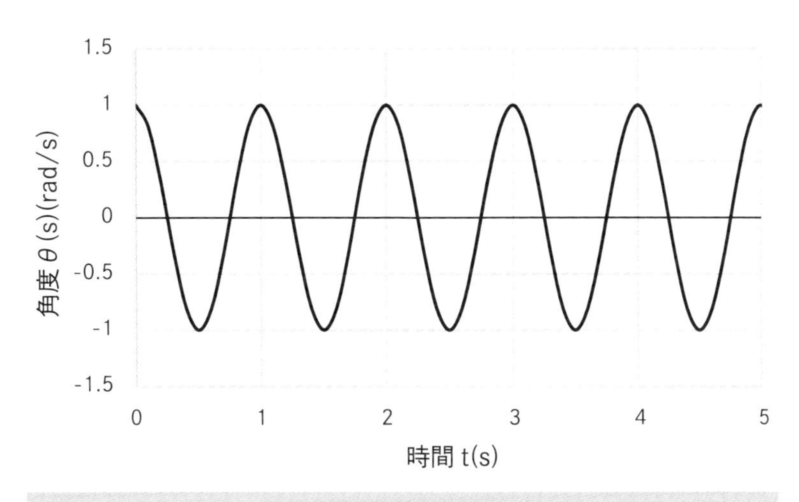

図 4.5-5　周期 1 秒の振り子の自由振動波形

この振り子の周期は、振り子の重さには関係なく、振り子の長さの平方根に比例し、重力加速度の平方根に反比例している。振り子の周期の性質は、ガリレオが発見している。観測事実と同じ結果が得られたことになる。ニュートンの運動法則と微分を使うと、振り子の振動という物理現象が数学的に記述できることをニュートンは、最初に示した。

4.6　2次元弾性力学とモール・クーロンの破壊基準によるランキン土圧

三角関数の応用例として、2次元弾性力学における応力の座標変換と主応力やモールの応力円を説明し、モール・クーロンの破壊基準を導入したランキンの受動・主動土圧を説明する。ここでは省略するが、弾性力学の歪と変位の関係は、変位の微分で歪が求められる。この結果は、微小長方形の変形前後の変位と歪の幾何学的考察から求められ、微分の応用例として構造工学ではよく用いられる。

(1) 応力の座標変換と主応力やモールの応力円

a) 方向余弦

図4.6-1のようにx,y座標と単位法線ベクトル$\mathbf{n}(|\mathbf{n}|=1)$の角度を$\theta_x=\theta,\theta_y$とすると、法線ベクトルの方向余弦$l,m$は、次式で与えられる。

$$l=\cos\theta_x=\cos\theta,\quad m=\cos\theta_y=\cos\left(\frac{\pi}{2}-\theta_x\right)=\sin\theta_x=\sin\theta \tag{4.6-1}$$

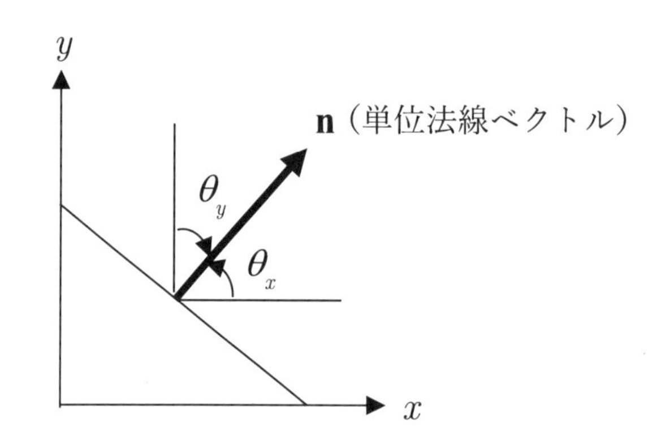

図4.6-1　単位法線ベクトルの方向余弦

b) 応力の表示と釣り合い式

図4.6-2のようにx,y座標の軸応力とせん断応力は、変形後の弾性体から取り出した辺長dx,dyの微小長方形の前面（$x+dx,y+dy$）の応力（極太矢印）を座標軸方向に取る。後面（x,y）の応力（細矢印）はその逆向きとするのが、一般的な弾性力学の約束である。応力は、x,y座標の関数であり、本来なら次式のように表すが、記号の簡単化のため、前面と後面の区別を明示する簡略表現とした（原田・本橋(2017)）。

前面応力：

$$\begin{aligned}
&\sigma_{xx}(x+dx,y)\equiv\sigma_{xx}(x+dx)\\
&\tau_{xy}(x+dx,y)\equiv\tau_{xy}(x+dx)\\
&\sigma_{yy}(x,y+dy)\equiv\sigma_{xx}(y+dy)\\
&\tau_{yx}(x,y+dy)\equiv\tau_{yx}(y+dy)
\end{aligned} \tag{4.6-2a}$$

後面応力：
$$
\begin{aligned}
&\sigma_{xx}(x,y) \equiv \sigma_{xx}(x)\\
&\tau_{xy}(x,y) \equiv \tau_{xy}(x)\\
&\sigma_{yy}(x,y) \equiv \sigma_{xx}(y)\\
&\tau_{yx}(x,y) \equiv \tau_{yx}(y)
\end{aligned}
\tag{4.6-2b}
$$

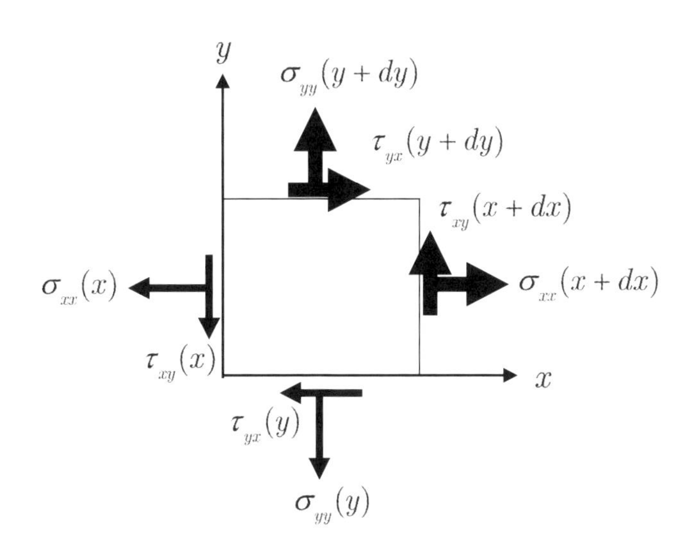

図 4.6-2　変形後の弾性体から取り出した微小長方形の単位面積当たりの力(応力)の記号
(この図では、$x = y = 0$ 点の微小長方形を示す)

次式の微小長方形の中心回りの回転力(モーメント)のつり合い式が零となる必要がある。

$$
\left(\tau_{yx}(y+dy)+\tau_{yx}(y)\right)dx\frac{dy}{2}-\left(\tau_{xy}(x+dx)+\tau_{xy}(x)\right)dy\frac{dx}{2}=0 \tag{4.6-3a}
$$

ここに、テイラー展開の高次項を無視すると、次式が成り立つ。

$$
\begin{aligned}
\tau_{yx}(y+dy) &= \tau_{yx}(y)+\frac{\partial\tau_{yx}(y)}{\partial y}dy\\
\tau_{xy}(x+dx) &= \tau_{xy}(x)+\frac{\partial\tau_{xy}(x)}{\partial x}dx
\end{aligned}
\tag{4.6-3b}
$$

これを考慮すると、回転力のつり合い式は、次式となる。

$$
\left(2\tau_{yx}(y)+\frac{\partial\tau_{yx}(y)}{\partial y}dy\right)dx\frac{dy}{2}-\left(2\tau_{xy}(x)+\frac{\partial\tau_{xy}(x)}{\partial x}dx\right)dy\frac{dx}{2}=0 \tag{4.6-3c}
$$

上式の微小項を無視すると、前面と後面のせん断応力には、次式が成り立つ。

$$
\tau_{yx}(y)=\tau_{xy}(x),\quad \tau_{yx}(y+dy)=\tau_{xy}(x+dx)\rightarrow\tau_{yx}=\tau_{xy} \tag{4.6-3d}
$$

前面と後面のせん断応力が等しいので、区別せずに上式のように$\tau_{yx} = \tau_{xy}$とする。

水平・鉛直方向の力のつり合い式は、単位面積当たりの外力をf_x, f_yとすると、次式のようになる。

$$\begin{aligned} &f_x dxdy + \sigma_{xx}(x+dx)dy - \sigma_{xx}(x)dy + \tau_{yx}(y+dy)dx - \tau_{yx}(y)dx = 0 \\ &f_y dxdy + \sigma_{yy}(y+dy)dx - \sigma_{yy}(y)dx + \tau_{xy}(x+dx)dy - \tau_{xy}(x)dy = 0 \end{aligned} \quad (4.6\text{-}4a)$$

ここに、テイラー展開の高次項を無視すると、次式が成り立つ。

$$\begin{aligned} \sigma_{xx}(x+dx) &= \sigma_{xx}(x) + \frac{\partial \sigma_{xx}(x)}{\partial x}dx \\ \sigma_{yy}(y+dy) &= \sigma_{yy}(y) + \frac{\partial \sigma_{yy}(y)}{\partial y}dy \end{aligned} \quad (4.6\text{-}4b)$$

上式とせん断応力のテイラー展開の高次項を無視した式 (4.6-3b) を使うと、力のつり合い式は、次式のようになる。

$$\begin{aligned} &\frac{\partial \sigma_{xx}}{\partial x} + \frac{\partial \tau_{yx}}{\partial y} + f_x = 0 \\ &\frac{\partial \tau_{xy}}{\partial x} + \frac{\partial \sigma_{yy}}{\partial y} + f_y = 0 \end{aligned} \quad (4.6\text{-}4c)$$

上式は、応力のx, y座標点の微分であるため、座標位置の変数を省略している。

c) 応力の座標変換と主応力

応力は座標によって異なることと、主応力とモールの応力円を説明する。図 4.6-3 のように単位法線ベクトルの斜面に働く軸応力とせん断応力が、x, y座標の軸応力とせん断応力とどのような関係にあるかを力のつり合い式から求める。

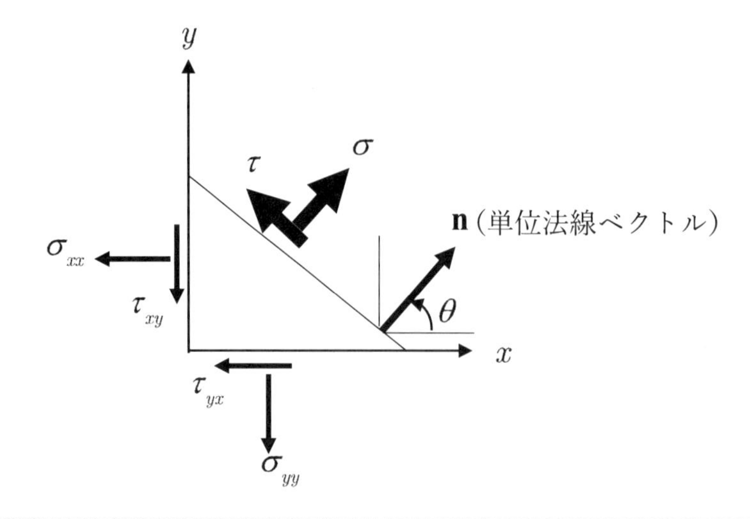

図 4.6-3　斜面の軸応力・せん断応力とx, y座標の軸応力・せん断応力の記号

長さ$l=\sqrt{dx^2+dy^2}$の斜面を持つ直角三角形の各面に働く力の斜面の法線方向応力とせん断力方向のつり合い式は、次式となる。

$$\begin{aligned} l\sigma &= l\sin\theta(\tau_{yx}\cos\theta+\sigma_{yy}\sin\theta)+l\cos\theta(\tau_{xy}\sin\theta+\sigma_{xx}\cos\theta) \\ l\tau &= l\sin\theta(-\tau_{yx}\sin\theta+\sigma_{yy}\cos\theta)+l\cos\theta(\tau_{xy}\cos\theta-\sigma_{xx}\cos\theta) \end{aligned} \quad (4.6\text{-}5a)$$

上式は、$\tau_{yx}=\tau_{xy}$を使って整理すると、次式のように斜面の法線方向角の関数となる。

$$\begin{aligned} \sigma &= \sigma_{xx}\cos^2\theta+2\tau_{xy}\sin\theta\cos\theta+\sigma_{yy}\sin^2\theta \\ \tau &= (\sigma_{yy}-\sigma_{xx})\sin\theta\cos\theta+\tau_{xy}(\cos^2\theta-\sin^2\theta) \end{aligned}$$

または、

$$\begin{aligned} \sigma &= \frac{1}{2}\left(\sigma_{xx}+\sigma_{yy}\right)+\frac{1}{2}\left(\sigma_{xx}-\sigma_{yy}\right)\cos 2\theta+\tau_{xy}\sin 2\theta \\ \tau &= -\frac{1}{2}\left(\sigma_{xx}-\sigma_{yy}\right)\sin 2\theta+\tau_{xy}\cos 2\theta \end{aligned} \quad (4.6\text{-}5b)$$

上式下段の式は、$\sin 2\theta=2\sin\theta\cos\theta, \cos 2\theta=\cos^2\theta-\sin^2\theta$を用いた。

上式の斜面の法線方向応力とせん断応力は、x,y座標を反時計回りに角度θ回転させたx',y'座標（x'=法線方向）の応力成分（$\sigma_{x'x'},\sigma_{y'y'},\tau_{x'y'}=\tau_{y'x'}$）を求めるのに使える。$\sigma_{x'x'},\tau_{x'y'}$は、上式のままでよいが、$\sigma_{y'y'}$は、$\theta\to\pi/2+\theta$として求められる。

$$\begin{aligned} \sigma_{x'x'} &= \frac{1}{2}\left(\sigma_{xx}+\sigma_{yy}\right)+\frac{1}{2}\left(\sigma_{xx}-\sigma_{yy}\right)\cos 2\theta+\tau_{xy}\sin 2\theta \\ \sigma_{y'y'} &= \frac{1}{2}\left(\sigma_{xx}+\sigma_{yy}\right)-\frac{1}{2}\left(\sigma_{xx}-\sigma_{yy}\right)\cos 2\theta-\tau_{xy}\sin 2\theta \\ \tau_{x'y'} &= -\frac{1}{2}\left(\sigma_{xx}-\sigma_{yy}\right)\sin 2\theta+\tau_{xy}\cos 2\theta \\ \sigma_{x'x'}+\sigma_{y'y'} &= \sigma_{xx}+\sigma_{yy} \end{aligned} \quad (4.6\text{-}6)$$

上式の下段の式は、上段の２つの式の和から得られる。これは、両座標の軸応力の和は座標変換で変わらないことを意味する。

図4.6-4は、x',y'座標の微小長方形の前面の応力成分のみを座標位置を示す変数を省略し

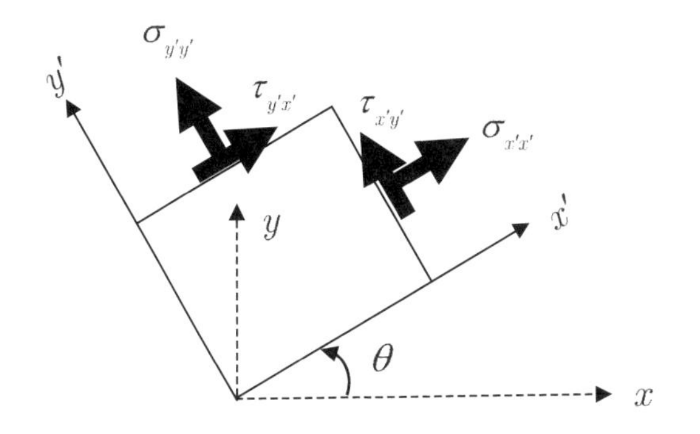

図4.6-4　x',y'座標の微小長方形の前面の応力成分（座標位置を示す変数を省略）

て示す。このように応力成分は、座標によって変わるため、応力テンソルと呼ばれる。$\sigma_{x'x'}$ は x' 面の x' 方向の応力を、$\tau_{x'y'}$ は x' 面の y' 方向のせん断応力を意味する。

ここで、斜面の法線方向応力が最大・最小になる斜面の方向を求める。法線方向応力を角度で微分し零と置くと、次式が得られる。

$$\frac{d\sigma}{d\theta} = -\left(\sigma_{xx} - \sigma_{yy}\right)\sin 2\theta + 2\tau_{xy}\cos 2\theta = 2\tau = 0$$
$$\tan 2\theta = \frac{2\tau_{xy}}{\sigma_{xx} - \sigma_{yy}} \rightarrow \tau_{xy}\cos 2\theta = \frac{1}{2}\left(\sigma_{xx} - \sigma_{yy}\right)\sin 2\theta \tag{4.6-7a}$$

上式は、斜面のせん断応力が零の時、法線方向応力が最大・最小になり、その角度は上式下段で与えられることを意味する。この角度を式(4.6-5b)に代入すると、法線方向応力が最大・最小応力($\sigma_1 > \sigma_2$)は、次式のように求められる。

$$\left(\sigma - \frac{1}{2}\left(\sigma_{xx} + \sigma_{yy}\right)\right)^2 = \left(\frac{1}{2}\left(\sigma_{xx} - \sigma_{yy}\right)\cos 2\theta + \tau_{xy}\sin 2\theta\right)^2$$
$$= \frac{1}{4}\left(\sigma_{xx} - \sigma_{yy}\right)^2\cos^2 2\theta + A \tag{4.6-7b}$$
$$A = \left(\sigma_{xx} - \sigma_{yy}\right)\tau_{xy}\cos 2\theta\sin 2\theta + \tau_{xy}^2\left(1 - \cos^2 2\theta\right)$$

上式右辺 A に式(4.6-7a)の最後の式を代入すると、次式が得られる。

$$A = \frac{1}{4}\left(\sigma_{xx} - \sigma_{yy}\right)^2\sin^2 2\theta + \tau_{xy}^2 \tag{4.6-7c}$$

これより、次式が得られる。

$$\left(\sigma - \frac{1}{2}\left(\sigma_{xx} + \sigma_{yy}\right)\right)^2 = \frac{1}{4}\left(\sigma_{xx} - \sigma_{yy}\right)^2 + \tau_{xy}^2 \tag{4.6-7d}$$

上式から、法線方向応力が最大・最小応力(σ_1, σ_2)は、次式で与えられる。

$$\begin{pmatrix}\sigma_1\\ \sigma_2\end{pmatrix} = \frac{1}{2}\left(\sigma_{xx} + \sigma_{yy}\right) \pm \frac{1}{2}\sqrt{\left(\sigma_{xx} - \sigma_{yy}\right)^2 + 4\tau_{xy}^2} \tag{4.6-7e}$$

d) モールの応力円と純せん断応力状態

斜面の法線方向応力とせん断力は、式(4.6-5b)で与えられ、斜面の角度に依存する。この式の2乗を足し合わすと、角度が消去でき、次式のような円の方程式が得られる。

$$\left(\sigma - \frac{1}{2}\left(\sigma_{xx} + \sigma_{yy}\right)\right)^2 + \tau^2 = \left(\frac{\sigma_{xx} - \sigma_{yy}}{2}\right)^2 + \tau_{xy}^2$$
$$\left(\frac{\sigma_{xx} - \sigma_{yy}}{2}\right)^2 + \tau_{xy}^2 = \left(\frac{\sigma_1 - \sigma_2}{2}\right)^2 \tag{4.6-8a}$$

上式は、応力($\sigma_{xx}, \sigma_{yy}, \tau_{xy}$)から、任意の面の応力($\sigma_{x'x'}, \sigma_{y'y'}, \tau_{x'y'}$)を決めるために使える。こ

の円をモールの応力円という。モールの応力円の半径は、主応力から $(\sigma_1-\sigma_2)/2$ である。計算機がある時代では、このモールの応力円を描くよりも、式（4.6-6）から、任意の角度の面の応力($\sigma_{x'x'},\sigma_{y'y'},\tau_{x'y'}$)を求める方が簡単であろう。

また、x,y 座標の応力が主応力状態（ $\sigma_{xx}=\sigma_1,\sigma_{yy}=\sigma_2,\tau_{xy}=0$ ）とし、反時計回りに角度 θ の x',y' 座標($x'=$ 法線方向)を取れば、式(4.6-5b)は、次式のようになる。

$$\begin{aligned}\sigma&=\frac{1}{2}\left(\sigma_1+\sigma_2\right)+\frac{1}{2}\left(\sigma_1-\sigma_2\right)\cos 2\theta\\ \tau&=-\frac{1}{2}\left(\sigma_1-\sigma_2\right)\sin 2\theta\end{aligned} \tag{4.6-8b}$$

上式は、次式の円の方程式になる。

$$\left(\sigma-\frac{1}{2}\left(\sigma_1+\sigma_2\right)\right)^2+\tau^2=\left(\frac{\sigma_1-\sigma_2}{2}\right)^2 \tag{4.6-8c}$$

この場合、x',y' 座標の応力($\sigma_{x'x'},\sigma_{y'y'},\tau_{x'y'}$)は、式(4.6-6)の応力を $\sigma_{xx}=\sigma_1,\sigma_{yy}=\sigma_2,\tau_{xy}=0$ とすれば、次式で求められる。

$$\begin{aligned}\sigma_{x'x'}&=\frac{1}{2}\left(\sigma_1+\sigma_2\right)+\frac{1}{2}\left(\sigma_1-\sigma_2\right)\cos 2\theta\\ \sigma_{y'y'}&=\frac{1}{2}\left(\sigma_1+\sigma_2\right)-\frac{1}{2}\left(\sigma_1-\sigma_2\right)\cos 2\theta\\ \tau_{x'y'}&=-\frac{1}{2}\left(\sigma_1-\sigma_2\right)\sin 2\theta\\ \sigma_{x'x'}+\sigma_{y'y'}&=\sigma_1+\sigma_2\end{aligned} \tag{4.6-8d}$$

図 4.6-5 は、上式をモールの円として描いたものである。モールの応力円から、最大せん断応力面は、$\theta=45^\circ$ であることがすぐにわかる。特別な場合として、$\sigma_1=-\sigma_2$ の時、モー

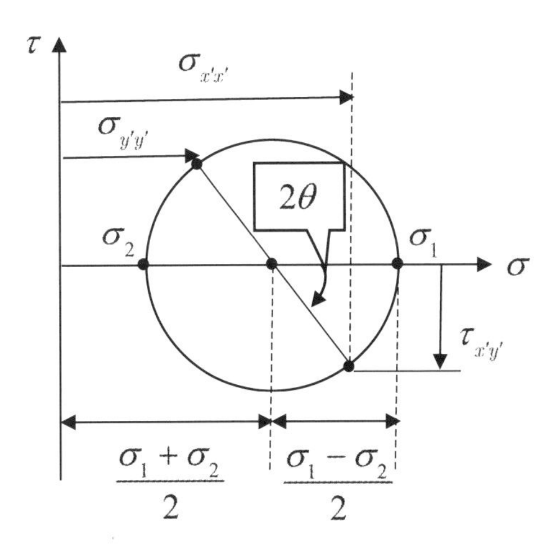

図 4.6-5　x,y 座標の主応力（ $\sigma_{xx}=\sigma_1,\sigma_{yy}=\sigma_2,\tau_{xy}=0$ ）と反時計回りに角度 θ の x',y' 座標($x'=$ 法線方向)の応力($\sigma_{x'x'},\sigma_{y'y'},\tau_{x'y'}$)の関係を表すモールの応力円

ルの応力円は原点を中心に持つ円になる。最大せん断応力面は、$\theta = \pm 45^\circ$ で、その面の軸応力は零である。この場合は、純せん断応力状態と呼ばれる。最大せん断応力面がすべり面とすると、純せん断応力状態とすべり線(点線)は、図 4.6-6 のようになる。

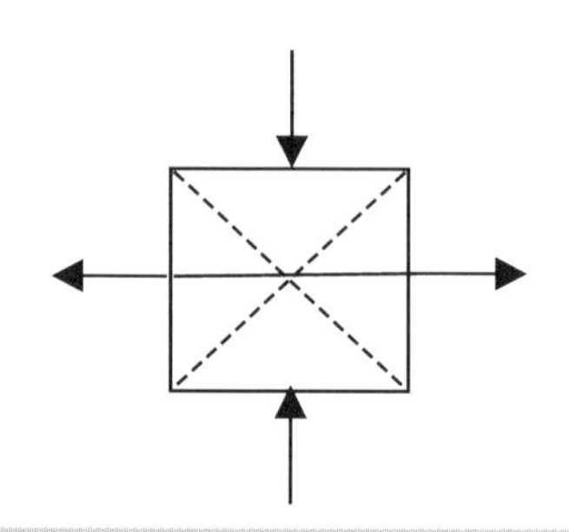

図 4.6-6　純せん断応力状態の軸応力とすべり線(点線)

純せん断応力状態の最大せん断応力面（2 つのすべり面の内、斜め 45 度の下の方の面）を水平面に取る時の軸応力状態は、図 4.6-7(a)のようになる。太い矢印はせん断すべり方向を示す。この時の軸応力状態は、(b) のようである。この軸応力と等価なダブルカップルせん断応力を (c) に示す。水平方向の一組のせん断応力は、時計回りのモーメントを生じさせるが、鉛直方向の一組のせん断応力は反時計回りのモーメントであるので、全体のモーメントは零になる。水平方向の上側のせん断応力と、鉛直方向の右側のせん断応力の和は、斜め 45 度の上側の軸応力になっている。その他のせん断応力の組み合わせの和が、(c)の軸応力になる。地震学の運動学的断層モデルでは、点震源の断層すべり面とそこに作用する応力(単位面積当たりの力)は、(c)のダブルカップル力、または、(b)の等価力であるとしている(例えば、原田・本橋(2017))。

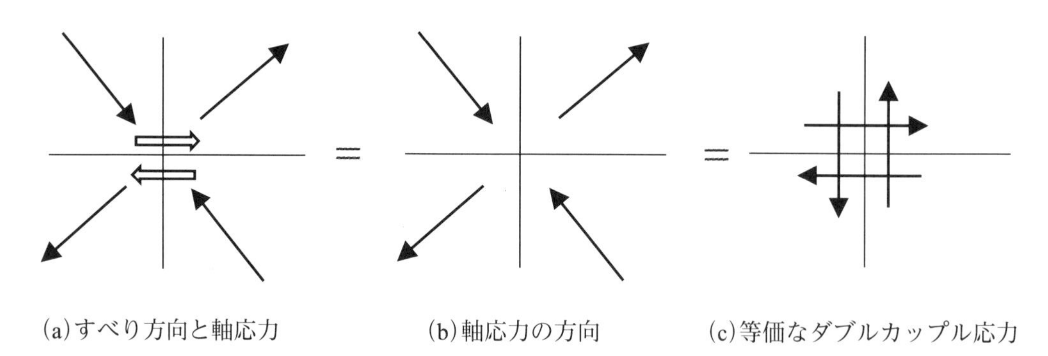

図 4.6-7　斜め 45 度の下の方の面のすべり線を水平線に取った時の純せん断応力状態の軸応力とすべり線(太矢印はすべりの方向を示す)

(2) モール・クーロンの破壊基準によるランキン土圧

土は、弾性体ではないが、次式のモール・クーロンの破壊基準を導入して、弾性体のせん断応力が破壊基準のせん断応力に達したときにすべりが生じ、土が破壊する時の軸応力を求めることができる。この軸応力は、ランキンの主動土圧(active soil pressure)、受動土圧(passive soil pressure)と呼ばれる。

モール・クーロンの破壊基準は、次式で与えられる。

$$|\tau| = c - \sigma \tan\phi \tag{4.6-9}$$

ここに、τ はすべり限界せん断応力、σ は軸応力（正の場合は引張応力）、c,ϕ は土の粘着係数と内部摩擦角を表す。極端な場合、砂は粘着力が無いので、$c = 0, \phi = 20 \sim 40^\circ$、粘土では、$c = 1.0 \sim 7.5\mathrm{tonf/m^2}, \phi = 0 \sim 30^\circ$ 程度である。モール・クーロンの破壊基準は、圧縮応力 ($-\sigma$) が大きくなるほど、滑り難くなるという摩擦力と鉛直荷重の経験式である。

図 4.6-8 は、$\sigma_1 > \sigma_2$ の圧縮応力の場合のモールの応力円とモール・クーロンの破壊基準（直線）が接する時（すべりが生じる時）の幾何学的関係を示す。B 点の軸応力は、モール・クーロンの破壊基準のせん断応力を零として、$\sigma = c / \tan\phi$ である。この図の直角三角形 OAB の幾何学的関係から、次式が得られる。

$$\begin{aligned}
&|\mathrm{OA}| = \frac{\sigma_1 - \sigma_2}{2} \quad \text{（モールの応力円の半径）} \\
&|\mathrm{OB}| = \frac{\sigma_1 - \sigma_2}{2} + \sigma_2 + \frac{c}{\tan\phi} = \frac{\sigma_1 + \sigma_2}{2} + \frac{c}{\tan\phi} \\
&\sin\phi = \frac{|\mathrm{OA}|}{|\mathrm{OB}|} \to \left(\sigma_1 - \sigma_2\right) = \left(\sigma_1 + \sigma_2\right)\sin\phi + 2c\cos\phi \\
&2\theta + \phi = 90^\circ \to \theta = 45^\circ - \frac{\phi}{2}
\end{aligned} \tag{4.6-10a}$$

上式 3 段目の式から、次式が得られる。

$$\sigma_1\left(1 - \sin\phi\right) = \sigma_2\left(1 + \sin\phi\right) + 2c\cos\phi \tag{4.6-10b}$$

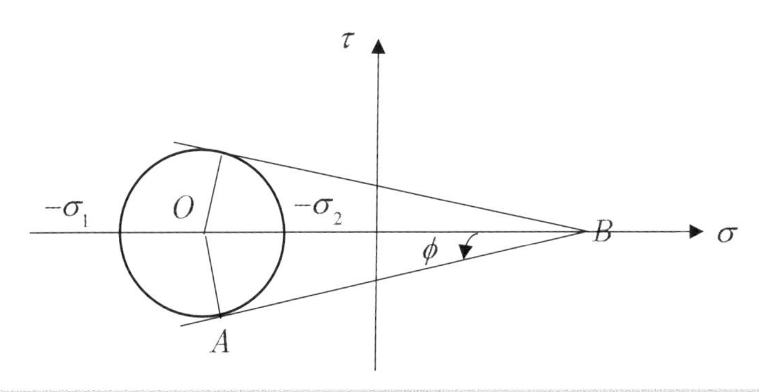

図 4.6-8　圧縮応力 ($\sigma_1 > \sigma_2$) の場合のモールの応力円とモール・クーロンの破壊基準（直線）が接する時（すべりが生じる時）の幾何学的関係と記号(角 AOB= 2θ 、角 OAB= $\pi / 2$)

上式で、σ_1 = 水平応力 , σ_2 = 鉛直応力の場合（受動土圧状態）と、σ_1 = 鉛直応力 , σ_2 = 水平応力の場合(主動土圧状態)の 2 つの状態を考える。

受動土圧状態の水平土圧：式(4.6-10b)から、次式で与えられる。

$$\sigma_1 = \frac{1+\sin\phi}{1-\sin\phi}\sigma_2 + \frac{2c\cos\phi}{1-\sin\phi} \tag{4.6-11a}$$

主動土圧状態の水平土圧：式(4.6-10b)から、次式で与えられる。

$$\sigma_2 = \frac{1-\sin\phi}{1+\sin\phi}\sigma_1 - \frac{2c\cos\phi}{1+\sin\phi} \tag{4.6-11b}$$

$\sigma_1 > \sigma_2$ なので、受動土圧＞主動土圧である。

土圧の場合、地表からの深さ z の鉛直応力（鉛直土圧）は、$\sigma_z = \gamma z$（γ は土の単位体積重量）である。受動土圧と主動土圧状態の水平土圧を σ_{xp}, σ_{xa} の記号で表現する。また、上式の土の内部摩擦角の三角関数は、次式のように書き変えられることを考慮する。

$$\begin{aligned}
&\frac{1+\sin\phi}{1-\sin\phi} = \tan^2\left(\frac{\pi}{4}+\frac{\phi}{2}\right), \quad \frac{1-\sin\phi}{1+\sin\phi} = \tan^2\left(\frac{\pi}{4}-\frac{\phi}{2}\right) \\
&\frac{\cos\phi}{1-\sin\phi} = \frac{\sqrt{1-\sin^2\phi}}{1-\sin\phi} = \tan\left(\frac{\pi}{4}+\frac{\phi}{2}\right) \\
&\frac{\cos\phi}{1+\sin\phi} = \frac{\sqrt{1-\sin^2\phi}}{1+\sin\phi} = \tan\left(\frac{\pi}{4}-\frac{\phi}{2}\right)
\end{aligned} \tag{4.6-12a}$$

上式を導くために、次式を用いた。

$$\begin{aligned}
&\frac{\sin\alpha+\sin\beta}{\sin\alpha-\sin\beta} = \frac{2\sin\left(\frac{\alpha+\beta}{2}\right)\cos\left(\frac{\alpha-\beta}{2}\right)}{2\sin\left(\frac{\alpha-\beta}{2}\right)\cos\left(\frac{\alpha+\beta}{2}\right)} = \frac{\tan\left(\frac{\alpha+\beta}{2}\right)}{\tan\left(\frac{\alpha-\beta}{2}\right)} \\
&\tan\left(\frac{\alpha+\beta}{2}\right)\tan\left(\frac{\alpha-\beta}{2}\right) = \frac{\left(\tan\frac{\alpha}{2}+\tan\frac{\beta}{2}\right)\left(\tan\frac{\alpha}{2}-\tan\frac{\beta}{2}\right)}{\left(1-\tan\frac{\alpha}{2}\tan\frac{\beta}{2}\right)\left(1+\tan\frac{\alpha}{2}\tan\frac{\beta}{2}\right)}
\end{aligned} \tag{4.6-12b}$$

上式で、$\alpha = \pi/2, \beta = \mp\phi$ とすると、次式が得られる。

$$\begin{aligned}
&\frac{1\mp\sin\phi}{1\pm\sin\phi} = \frac{\tan\left(\frac{\pi}{4}\mp\frac{\phi}{2}\right)}{\tan\left(\frac{\pi}{4}\pm\frac{\phi}{2}\right)} = \tan^2\left(\frac{\pi}{4}\mp\frac{\phi}{2}\right) \\
&\tan\left(\frac{\pi}{4}\mp\frac{\phi}{2}\right)\tan\left(\frac{\pi}{4}\pm\frac{\phi}{2}\right) = 1 \to \tan\left(\frac{\pi}{4}\mp\frac{\phi}{2}\right) = \frac{1}{\tan\left(\frac{\pi}{4}\pm\frac{\phi}{2}\right)}
\end{aligned} \tag{4.6-12c}$$

以上の三角関数の公式を使い、通常、受動土圧と主動土圧状態のランキン水平土圧

$\sigma_{xp} > \sigma_{xa}$ は、次式のように表される。

受動土圧： $\sigma_{xp} = K_p \sigma_z (= \gamma z) + 2c\sqrt{K_p}$

$$K_p = \frac{1+\sin\phi}{1-\sin\phi} = \tan^2\left(\frac{\pi}{4}+\frac{\phi}{2}\right) \text{（受動土圧係数）} \tag{4.6-13a}$$

主動土圧： $\sigma_{xa} = K_a \sigma_z (= \gamma z) + 2c\sqrt{K_a}$

$$K_a = \frac{1-\sin\phi}{1+\sin\phi} = \tan^2\left(\frac{\pi}{4}-\frac{\phi}{2}\right) \text{（主動土圧係数）} \tag{4.6-13b}$$

省略するが、すべりが生じない弾性体の水平土圧は鉛直土圧の $K_0 = \nu / (1-\nu)$ 倍（ν ：ポアソン比）となる。これは、静止土圧係数と呼ばれる。各土圧係数間には、次式の不等式が成立する。

$$K_a < K_0 < K_p \tag{4.6-13c}$$

静水圧では、水平圧力と鉛直圧力は同じであるが、弾性体では、水平圧力は鉛直圧力の 1/3 倍（$\nu = 1/4$）程度と小さくなる。弾性体として岩盤を考えると、岩盤と水の密度の比は 3 程度なので、水を含んだ岩盤の割れ目の水圧は、岩盤の水平圧力と同程度である。

図 4.6-9 は、受動土圧と主動土圧状態のランキン土圧とすべり線の方向を示す。

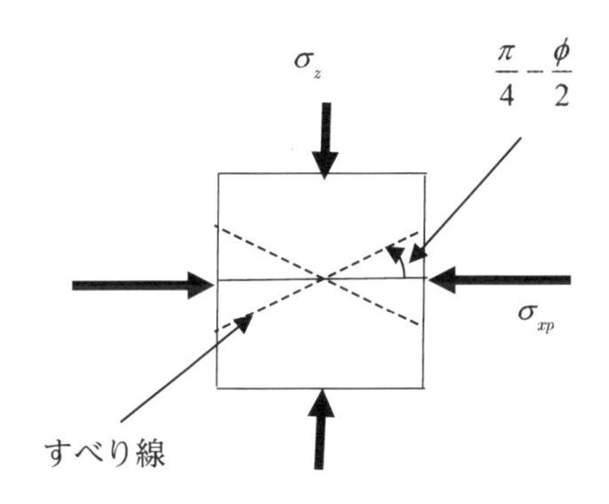

(a) 受動土圧状態とすべり線の方向

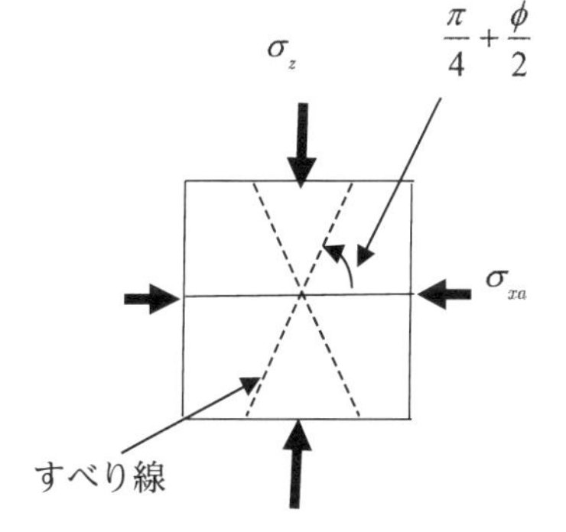

(b) 主動土圧状態とすべり線の方向

図 4.6-9　受動土圧と主動土圧状態のランキン土圧とすべり線の方向

第5章
多変数関数と微分 ― 偏微分と全微分 ―

ここでは、多変数関数の微分(偏微分と全微分)とその応用として、最大最小問題とラグランジェの未定係数法を説明する。偏微分や全微分は、大学学部の数学の範囲であり、座標変換でもよく使われ、応用範囲は広い。

5.1　偏微分と全微分

これまでは、ひとつの変数x値を与え、関数値$y = f(x)$が決まる1変数の関数とその微分を扱ってきた。これを拡張して、2つ以上の変数$x_1, x_2, \cdots x_n$によって構成される多変数関数$z = f(x_1, x_2, \cdots x_n)$に関する微分(偏微分や全微分)を扱う。

簡単にするため、2変数関数$z = f(x, y)$について（変数x_1, x_2の代わりにx, y記号を使う)、偏微分や全微分について説明する。しかし、3つ以上の変数の関数に関しても同様である。

変数xのみが微小変化し、$x + dx$となる時、関数値も微小変化し、$z + dz$となる。この変数の変化量と関数値の変化量の比率を変数xに関する偏微分と呼ぶ。偏微分は、次式のような記号で表わされる。

$$z_x = \frac{\partial z}{\partial x} = \frac{\partial f(x,y)}{\partial x} = \lim_{dx \to 0} \frac{f(x+dx,y) - f(x,y)}{dx} \qquad (5.1\text{-}1a)$$

偏微分であることを明確にするため、dxではなく、∂xという記号が使われるが、ディエックスと読む。

同様に、変数yの変化量と関数値の変化量の比率は、変数yに関する偏微分と呼ばれ、次式で表される。

$$z_y = \frac{\partial z}{\partial y} = \frac{\partial f(x,y)}{\partial y} = \lim_{dy \to 0} \frac{f(x,y+dy) - f(x,y)}{dy} \qquad (5.1\text{-}1b)$$

ここで、2つの変数が同時に変化したときの関数値の変化（変化率ではない）dzを考える。これは全微分と呼ばれ、次式で与えられる。

$$dz = \lim_{dx,dy \to 0} f(x+dx, y+dy) - f(x,y) \qquad (5.1\text{-}1c)$$

上式右辺は、次式のように偏微分で表される。

$$
\begin{aligned}
f(x+dx,y+dy)-f(x,y) &= f(x+dx,y+dy)+\Big(-f(x,y+dy)+f(x,y+dy)\Big)-f(x,y)\\
&=\Big(f(x+dx,y+dy)-f(x,y+dy)\Big)+\Big(f(x,y+dy)-f(x,y)\Big)\\
&=\frac{\partial z(x,y+dy)}{\partial x}dx+\frac{\partial z(x,y)}{\partial y}dy\\
&=\frac{\partial z(x,y)}{\partial x}dx+\frac{\partial z(x,y)}{\partial y}dy
\end{aligned}
\tag{5.1-1d}
$$

上式を使うと、全微分は、次式で与えられる。

$$
dz=\frac{\partial z(x,y)}{\partial x}dx+\frac{\partial z(x,y)}{\partial y}dy=\frac{\partial z}{\partial x}dx+\frac{\partial z}{\partial y}dy \tag{5.1-1e}
$$

全微分の応用例として、4 章 4.5 節（2）の長さ l の振り子の固有周期 T において、l,g が微小変化するときの固有周期の変化量 dT（全微分）を求めると、以下のようになる。

固有周期 T が変数 l,g の関数であると考え、全微分を求めると、次式が得られる。

$$
\begin{aligned}
&T=2\pi\sqrt{\frac{l}{g}}\\
&dT=\frac{\partial T}{\partial l}dl+\frac{\partial T}{\partial g}dg=\frac{T}{2}\left(\frac{dl}{l}-\frac{dg}{g}\right)\\
&\frac{dT}{T}=\frac{1}{2}\left(\frac{dl}{l}-\frac{dg}{g}\right)
\end{aligned}
\tag{5.1-2a}
$$

ここに、dT/T を周期の比率誤差と呼ぶ。上式を導くに当たり、次式を用いた。

$$
\begin{aligned}
&\frac{\partial T}{\partial l}=2\pi\frac{1}{2}\left(\frac{l}{g}\right)^{-\frac{1}{2}}\frac{1}{g}=\pi\frac{1}{\sqrt{gl}}\\
&\frac{\partial T}{\partial g}=2\pi\frac{1}{2}\left(\frac{l}{g}\right)^{-\frac{1}{2}}(-lg^{-2})=-\pi\sqrt{\frac{l}{g^3}}
\end{aligned}
\tag{5.1-2b}
$$

振り子の長さは一定とすると、$dl=0$ より、次式が得られる。

$$
dg=-2\frac{g}{T}dT \tag{5.1-2c}
$$

これは、周期の変化量 dT から 2 倍の精度で重力加速度の変化量 dg が求められることを示す。

多変数の場合 $z=f(x_1,x_2,\cdots x_n)$ の比率誤差は、その拡張により次式で与えられる。

$$
\frac{dz}{z}=\frac{\partial z}{\partial x_1}\frac{dx_1}{z}+\frac{\partial z}{\partial x_2}\frac{dx_2}{z}+\cdots\frac{\partial z}{\partial x_n}\frac{dx_n}{z} \tag{5.1-2d}
$$

2 変数関数 $z=f(x,y)$ の 1 階、2 階等の高次の偏微分は、次式のように表される。

$$
\frac{\partial z}{\partial x},\frac{\partial}{\partial x}\left(\frac{\partial z}{\partial x}\right)=\frac{\partial^2 z}{\partial x^2},\frac{\partial}{\partial y}\left(\frac{\partial z}{\partial x}\right)=\frac{\partial^2 z}{\partial x\partial y},\cdots\frac{\partial^m}{\partial y^m}\left(\frac{\partial^n z}{\partial x^n}\right)=\frac{\partial^{n+m} z}{\partial x^n\partial y^m} \tag{5.1-3a}
$$

全微分は、次式のようになる。

$$dz = \frac{\partial z}{\partial x}dx + \frac{\partial z}{\partial y}dy = \left(\frac{\partial}{\partial x}dx + \frac{\partial}{\partial y}dy\right)z$$

$$\begin{aligned} d^2z &= d(dz) = d\left(\frac{\partial z}{\partial x}dx + \frac{\partial z}{\partial y}dy\right) = d\left(\frac{\partial z}{\partial x}dx\right) + d\left(\frac{\partial z}{\partial y}dy\right) \\ &= \frac{\partial^2 z}{\partial x^2}dx^2 + 2\frac{\partial^2 z}{\partial x \partial y}dxdy + \frac{\partial^2 z}{\partial y^2}dy^2 = \left(\frac{\partial}{\partial x}dx + \frac{\partial}{\partial y}dy\right)^2 z \end{aligned} \tag{5.1-3b}$$

ここに、次式を用いた。

$$\begin{aligned} d\left(\frac{\partial z}{\partial x}dx\right) &= \left(\frac{\partial}{\partial x}\left(\frac{\partial z}{\partial x}dx\right)dx + \frac{\partial}{\partial y}\left(\frac{\partial z}{\partial x}dx\right)dy\right) = \frac{\partial^2 z}{\partial x^2}dx^2 + \frac{\partial^2 z}{\partial x \partial y}dxdy \\ d\left(\frac{\partial z}{\partial y}dy\right) &= \left(\frac{\partial}{\partial x}\left(\frac{\partial z}{\partial y}dy\right)dx + \frac{\partial}{\partial y}\left(\frac{\partial z}{\partial y}dy\right)dy\right) = \frac{\partial^2 z}{\partial x \partial y}dxdy + \frac{\partial^2 z}{\partial y^2}dy^2 \end{aligned} \tag{5.1-3c}$$

以上を拡張すると、n 階全微分は、次式で与えられる。

$$d^n z = \left(\frac{\partial}{\partial x}dx + \frac{\partial}{\partial y}dy\right)^n z \tag{5.1-3d}$$

上式では、微分演算子が、次式であることを意味する。

$$d^n = \left(\frac{\partial}{\partial x}dx + \frac{\partial}{\partial y}dy\right)^n \tag{5.1-3e}$$

偏微分を用いると、次のような陰関数の微分を、陰関数を陽関数に変換せずに、陰関数のままで、偏微分から計算できる。

例えば、1 変数関数 $y = f(x)$ は、このように陽な形式（陽関数）ではなく、$g(x,y) = 0$ のような形式の関数（陰関数）で与えられることもある。$g(x,y) = 0$ から、$y = f(x)$ の陽関数に変換すれば、1 変数関数の微分から $y'(= dy / dx)$ を求められる。陰関数から陽関数へ変換が面倒な場合には、陰関数のままで、これを 2 変数関数 $z = g(x,y)$ と考えて、全微分を求める。$z = 0$ の条件から全微分が零である。したがって、次式 $y'(= dy / dx)$ が求められる。

$$dz = \frac{\partial z}{\partial x}dx + \frac{\partial z}{\partial y}dy = 0 \to y' = \frac{dy}{dx} = -\frac{\partial z / \partial x}{\partial z / \partial y} = -\frac{z_x}{z_y} \tag{5.1-4a}$$

例として、次式の陰関数の全微分を使って、$y' = dy / dx$ を求める。

$$ax^2 + 2cxy + by^2 = 1 \tag{5.1-4b}$$

$z = f(x,y) = ax^2 + 2cxy + by^2 - 1 = 0$ と置く。全微分は、

$$\begin{aligned} dz &= \frac{\partial z}{\partial x}dx + \frac{\partial z}{\partial y}dy = (2ax + 2cy)dx + (2cx + 2by)dy = 0 \\ y' &= \frac{dy}{dx} = -\frac{ax + cy}{cx + by} \end{aligned} \tag{5.1-4c}$$

(1) 2 変数関数のマクローリン展開とテイラー展開

2 変数関数 $z = f(x,y)$ のマクローリン展開は、1 変数関数を拡張して、次式で与えられる。

$$f(x,y) = f(0,0) + \left(x\frac{\partial}{\partial x} + y\frac{\partial}{\partial x}\right)f(0,0) + \frac{1}{2!}\left(x\frac{\partial}{\partial x} + y\frac{\partial}{\partial x}\right)^2 f(0,0) + \cdots + \frac{1}{n!}\left(x\frac{\partial}{\partial x} + y\frac{\partial}{\partial x}\right)^n f(0,0) + \cdots \tag{5.1-5a}$$

$$\left(x\frac{\partial}{\partial x} + y\frac{\partial}{\partial x}\right)^n = \sum_{k=0}^{n} {}_nC_k x^{n-k} y^k \frac{\partial^n}{\partial x^{n-k}\partial y^k}, \quad {}_nC_k = \frac{n!}{k!(n-k)!}$$

2 変数の原点を平行移動して、($x = a, y = b$)の回りのテイラー展開は、次式で与えられる。

$$f(x+a,y+b) = f(a,b) + \left(x\frac{\partial}{\partial x} + y\frac{\partial}{\partial x}\right)f(a,b) + \frac{1}{2!}\left(x\frac{\partial}{\partial x} + y\frac{\partial}{\partial x}\right)^2 f(a,b) + \cdots + \frac{1}{n!}\left(x\frac{\partial}{\partial x} + y\frac{\partial}{\partial x}\right)^n f(a,b) + \cdots \tag{5.1-5b}$$

$$\left(x\frac{\partial}{\partial x} + y\frac{\partial}{\partial x}\right)^n = \sum_{k=0}^{n} {}_nC_k x^{n-k} y^k \frac{\partial^n}{\partial x^{n-k}\partial y^k}, \quad {}_nC_k = \frac{n!}{k!(n-k)!}$$

5.2　合成関数の偏微分と全微分

変数 u, v の関数 $z = f(u,v)$ において、変数 u, v が変数 x, y の関数 $u = g(x,y), v = h(x,y)$ で表されるような合成関数では、$z = f(g(x,y), h(x,y))$ となるので、z は変数 x, y の関数となる。この合成関数の変数 x, y の偏微分は、次式のようになる。

$$z_x = \frac{\partial z}{\partial x} = \frac{\partial f}{\partial u}\frac{\partial u}{\partial x} + \frac{\partial f}{\partial v}\frac{\partial v}{\partial x}$$
$$z_y = \frac{\partial z}{\partial y} = \frac{\partial f}{\partial u}\frac{\partial u}{\partial y} + \frac{\partial f}{\partial v}\frac{\partial v}{\partial y} \tag{5.2-1}$$

上式は、以下のように導かれる。変数 y を固定して、変数 x のみが変化する時の u, v の変化により、関数 $z = f(u,v)$ が変化する。その変化量は、次式のようである。

$$du = g(x+dx, y) - g(x,y)$$
$$dv = h(x+dx, y) - h(x,y)$$
$$dz = f(u+du, v+dv) - f(u,v) = \frac{\partial f}{\partial u}du + \frac{\partial f}{\partial v}dv \tag{5.2-2a}$$

上式下段の両辺を dx で割り算すると、次式が得られる。

$$\frac{dz}{dx} = \frac{\partial f}{\partial u}\frac{du}{dx} + \frac{\partial f}{\partial v}\frac{dv}{dx} = \frac{\partial f}{\partial u}\frac{\partial u}{\partial x} + \frac{\partial f}{\partial v}\frac{\partial v}{\partial x} \tag{5.2-2b}$$

同様に、変数 x を固定して、変数 y のみが変化する時の関数 $z = f(u,v)$ の変化量は、次式のようである。

$$\frac{dz}{dy} = \frac{\partial f}{\partial u}\frac{du}{dy} + \frac{\partial f}{\partial v}\frac{dv}{dy} = \frac{\partial f}{\partial u}\frac{\partial u}{\partial y} + \frac{\partial f}{\partial v}\frac{\partial v}{\partial y} \tag{5.2-2c}$$

2 変数の合成関数を拡張し、3 変数の合成関数の偏微分は、次式で与えられる。

$$\begin{aligned} z_{x_1} &= \frac{\partial z}{\partial x_1} = \frac{\partial f}{\partial u_1}\frac{\partial u_1}{\partial x_1} + \frac{\partial f}{\partial u_2}\frac{\partial u_2}{\partial x_1} + \frac{\partial f}{\partial u_3}\frac{\partial u_3}{\partial x_1} \\ z_{x_2} &= \frac{\partial z}{\partial x_2} = \frac{\partial f}{\partial u_1}\frac{\partial u_1}{\partial x_2} + \frac{\partial f}{\partial u_2}\frac{\partial u_2}{\partial x_2} + \frac{\partial f}{\partial u_3}\frac{\partial u_3}{\partial x_2} \\ z_{x_3} &= \frac{\partial z}{\partial x_3} = \frac{\partial f}{\partial u_1}\frac{\partial u_1}{\partial x_3} + \frac{\partial f}{\partial u_2}\frac{\partial u_2}{\partial x_3} + \frac{\partial f}{\partial u_3}\frac{\partial u_3}{\partial x_3} \end{aligned} \tag{5.2-3a}$$

ここに、

$$\begin{aligned} z &= f(u_1, u_2, u_3) \\ u_1 &= g_1(x_1, x_2, x_3) \\ u_2 &= g_2(x_1, x_2, x_3) \\ u_3 &= g_3(x_1, x_2, x_3) \end{aligned} \tag{5.2-3b}$$

(1) 平面直交座標と極座標の 1 階偏微分

図 5.2-1 の平面直交座標 x, y を極座標 r, θ に変換する場合、関数 $z = f(x, y)$ は、変数 r, θ の関数として与えられる。この場合、関数の x, y に関する 1 階と 2 階偏微分を極座標で表す問題を以下に示す。この場合、次式が成り立つ。

$$\begin{aligned} z &= f(x, y) \\ x &= r\cos\theta \\ y &= r\sin\theta \end{aligned} \tag{5.2-4}$$

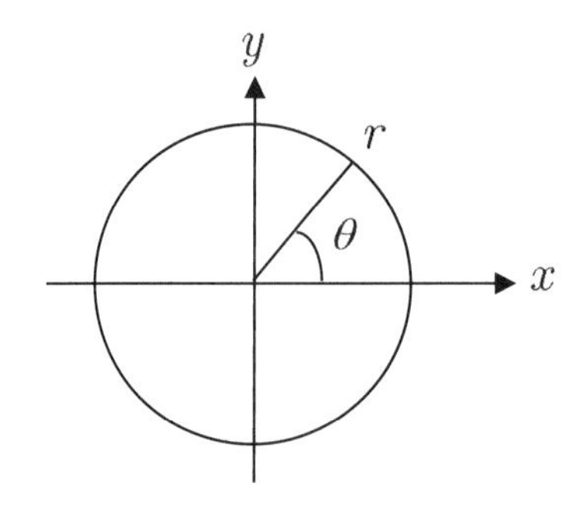

図 5.2-1　平面直交座標 x, y と極座標 r, θ

1 階の偏微分は、次式で与えられる。

$$\frac{\partial z}{\partial r} = \frac{\partial z}{\partial x}\frac{\partial x}{\partial r} + \frac{\partial z}{\partial y}\frac{\partial y}{\partial r} = \frac{\partial z}{\partial x}\left(\cos\theta\right) + \frac{\partial z}{\partial y}\left(\sin\theta\right)$$
$$\frac{\partial z}{\partial \theta} = \frac{\partial z}{\partial x}\frac{\partial x}{\partial \theta} + \frac{\partial z}{\partial y}\frac{\partial y}{\partial \theta} = \frac{\partial z}{\partial x}\left(-r\sin\theta\right) + \frac{\partial z}{\partial y}\left(r\cos\theta\right)$$

または、　(5.2-5a)

$$\frac{\partial z}{\partial x} = \frac{\partial z}{\partial r}\frac{\partial r}{\partial x} + \frac{\partial z}{\partial \theta}\frac{\partial \theta}{\partial x}$$
$$\frac{\partial z}{\partial y} = \frac{\partial z}{\partial r}\frac{\partial r}{\partial y} + \frac{\partial z}{\partial \theta}\frac{\partial \theta}{\partial y}$$

ここに、次式を用いた。

$$\frac{\partial x}{\partial r} = \cos\theta, \quad \frac{\partial y}{\partial r} = \sin\theta$$
$$\frac{\partial x}{\partial \theta} = -r\sin\theta, \quad \frac{\partial y}{\partial \theta} = r\cos\theta \qquad (5.2\text{-}5b)$$

ただし、$\partial r / \partial x$ 等の極座標 r, θ の直交座標 x, y の偏微分は、次式のように求められるが、厄介である。

$$r = \sqrt{x^2 + y^2}, \quad \tan\theta = \frac{y}{x}, \quad \frac{d\tan\theta}{d\theta}\frac{d\theta}{dx} = \frac{1}{\cos^2\theta}\frac{d\theta}{dx} = \frac{d}{dx}\left(\frac{y}{x}\right)$$
$$\frac{\partial r}{\partial x} = \frac{x}{\sqrt{x^2 + y^2}} = \frac{r\cos\theta}{r} = \cos\theta$$
$$\frac{\partial r}{\partial y} = \frac{y}{\sqrt{x^2 + y^2}} = \frac{r\sin\theta}{r} = \sin\theta \qquad (5.2\text{-}5c)$$
$$\frac{\partial \theta}{\partial x} = \cos^2\theta\left(-\frac{y}{x^2}\right) = -\cos^2\theta\left(\frac{r\sin\theta}{r^2\cos^2\theta}\right) = -\frac{\sin\theta}{r}$$
$$\frac{\partial \theta}{\partial y} = \cos^2\theta\left(\frac{1}{x}\right) = \cos^2\theta\left(\frac{1}{r\cos\theta}\right) = \frac{\cos\theta}{r}$$

そこで、上式を行列表示して、次式のように求める方が易しい。

$$\begin{pmatrix} \dfrac{\partial z}{\partial r} \\ \dfrac{1}{r}\dfrac{\partial z}{\partial \theta} \end{pmatrix} = \begin{pmatrix} \cos\theta & \sin\theta \\ -\sin\theta & \cos\theta \end{pmatrix}\begin{pmatrix} \dfrac{\partial z}{\partial x} \\ \dfrac{\partial z}{\partial y} \end{pmatrix} \qquad (5.2\text{-}6a)$$
$$\begin{pmatrix} \cos\theta & \sin\theta \\ -\sin\theta & \cos\theta \end{pmatrix}^{-1} = \begin{pmatrix} \cos\theta & -\sin\theta \\ \sin\theta & \cos\theta \end{pmatrix}$$

上式の連立１次方程式から、次式が得られる。

$$\begin{pmatrix} \dfrac{\partial z}{\partial x} \\ \dfrac{\partial z}{\partial y} \end{pmatrix} = \begin{pmatrix} \cos\theta & -\sin\theta \\ \sin\theta & \cos\theta \end{pmatrix} \begin{pmatrix} \dfrac{\partial z}{\partial r} \\ \dfrac{1}{r}\dfrac{\partial z}{\partial \theta} \end{pmatrix}$$

または、 (5.2-6b)

$$\frac{\partial z}{\partial x} = \frac{\partial z}{\partial r}\cos\theta - \frac{\partial z}{\partial \theta}\frac{\sin\theta}{r}$$
$$\frac{\partial z}{\partial y} = \frac{\partial z}{\partial r}\sin\theta + \frac{\partial z}{\partial \theta}\frac{\cos\theta}{r}$$

式 (5.2-5a) の第 3 と 4 段を上式と比較すれば、$\partial r / \partial x$ 等の極座標 r, θ の直交座標 x, y の偏微分が、式(5.2-5c)のようになる。

上式から、次式が成り立つ。

$$\left(\frac{\partial z}{\partial x}\right)^2 + \left(\frac{\partial z}{\partial y}\right)^2 = \left(\frac{\partial z}{\partial r}\right)^2 + \frac{1}{r^2}\left(\frac{\partial z}{\partial \theta}\right)^2 \tag{5.2-6c}$$

(2) 平面直交座標と極座標の 2 階偏微分

次式の 2 階偏微分を求める。

$$\frac{\partial z}{\partial x} = \frac{\partial z}{\partial r}\cos\theta - \frac{\partial z}{\partial \theta}\frac{\sin\theta}{r} = \left(\frac{\partial}{\partial r}\cos\theta - \frac{\partial}{\partial \theta}\frac{\sin\theta}{r}\right)z$$
$$\frac{\partial z}{\partial y} = \frac{\partial z}{\partial r}\sin\theta + \frac{\partial z}{\partial \theta}\frac{\cos\theta}{r} = \left(\frac{\partial}{\partial r}\sin\theta + \frac{\partial}{\partial \theta}\frac{\cos\theta}{r}\right)z \tag{5.2-7a}$$

直接に求めるよりも、微分演算子を使う方が簡単なので、これを示す。

$$\begin{aligned}
\frac{\partial^2 z}{\partial x^2} &= \left(\frac{\partial}{\partial r}\cos\theta - \frac{\partial}{\partial \theta}\frac{\sin\theta}{r}\right)\left(\frac{\partial z}{\partial r}\cos\theta - \frac{\partial z}{\partial \theta}\frac{\sin\theta}{r}\right) \\
&= \left(\frac{\partial z}{\partial r}\cos\theta\right)^2 - \cos\theta\sin\theta\frac{\partial}{\partial r}\left(\frac{\partial z}{\partial \theta}\frac{1}{r}\right) - \frac{\sin\theta}{r}\frac{\partial}{\partial \theta}\left(\frac{\partial z}{\partial r}\cos\theta\right) + \frac{\sin\theta}{r^2}\frac{\partial}{\partial \theta}\left(\frac{\partial z}{\partial \theta}\sin\theta\right) \\
&= \left(\frac{\partial z}{\partial r}\cos\theta\right)^2 + \frac{\sin^2\theta}{r}\frac{\partial z}{\partial r} - \frac{2\sin\theta\cos\theta}{r}\frac{\partial^2 z}{\partial r\partial \theta} + \frac{2\sin\theta\cos\theta}{r^2}\frac{\partial z}{\partial \theta} + \left(\frac{\partial z}{\partial \theta}\frac{\sin\theta}{r}\right)^2
\end{aligned}$$

$$\begin{aligned}
\frac{\partial^2 z}{\partial y^2} &= \left(\frac{\partial}{\partial r}\sin\theta + \frac{\partial}{\partial \theta}\frac{\cos\theta}{r}\right)\left(\frac{\partial z}{\partial r}\sin\theta + \frac{\partial z}{\partial \theta}\frac{\cos\theta}{r}\right) \\
&= \left(\frac{\partial z}{\partial r}\sin\theta\right)^2 + \cos\theta\sin\theta\frac{\partial}{\partial r}\left(\frac{\partial z}{\partial \theta}\frac{1}{r}\right) + \frac{\cos\theta}{r}\frac{\partial}{\partial \theta}\left(\frac{\partial z}{\partial r}\sin\theta\right) + \frac{\cos\theta}{r^2}\frac{\partial}{\partial \theta}\left(\frac{\partial z}{\partial \theta}\cos\theta\right) \\
&= \left(\frac{\partial z}{\partial r}\sin\theta\right)^2 + \frac{\cos^2\theta}{r}\frac{\partial z}{\partial r} + \frac{2\sin\theta\cos\theta}{r}\frac{\partial^2 z}{\partial r\partial \theta} - \frac{2\sin\theta\cos\theta}{r^2}\frac{\partial z}{\partial \theta} + \left(\frac{\partial z}{\partial \theta}\frac{\cos\theta}{r}\right)^2
\end{aligned} \tag{5.2-7b}$$

ここに、

$$
\begin{aligned}
&\frac{\partial}{\partial r}\left(\frac{\partial z}{\partial \theta}\frac{1}{r}\right) = \frac{\partial^2 z}{\partial r \partial \theta}\frac{1}{r} - \frac{1}{r^2}\frac{\partial z}{\partial \theta} \\
&\frac{\partial}{\partial \theta}\left(\frac{\partial z}{\partial r}\cos\theta\right) = \frac{\partial^2 z}{\partial r \partial \theta}\cos\theta - \frac{\partial z}{\partial r}\sin\theta \\
&\frac{\partial}{\partial \theta}\left(\frac{\partial z}{\partial r}\sin\theta\right) = \frac{\partial^2 z}{\partial r \partial \theta}\sin\theta + \frac{\partial z}{\partial r}\cos\theta \\
&\frac{\partial}{\partial \theta}\left(\frac{\partial z}{\partial \theta}\sin\theta\right) = \frac{\partial^2 z}{\partial \theta^2}\sin\theta + \frac{\partial z}{\partial \theta}\cos\theta \\
&\frac{\partial}{\partial \theta}\left(\frac{\partial z}{\partial \theta}\cos\theta\right) = \frac{\partial^2 z}{\partial \theta^2}\cos\theta - \frac{\partial z}{\partial \theta}\sin\theta
\end{aligned}
\tag{5.2-7c}
$$

上式を使うと、2次元直交座標と極座標のラプラシアンは、次式のようになる。

$$
\begin{aligned}
\nabla^2 z &= \left(\frac{\partial^2}{\partial x^2} + \frac{\partial^2}{\partial y^2}\right) z = \left(\frac{\partial^2}{\partial r^2} - \frac{\partial}{\partial \theta}\frac{\sin\theta}{r}\right)^2 z \\
&= \left(\frac{\partial^2}{\partial r^2} + \frac{1}{r}\frac{\partial}{\partial r} + \frac{1}{r^2}\frac{\partial^2}{\partial \theta^2}\right) z
\end{aligned}
\tag{5.2-8}
$$

(3) 3次元直交座標と円柱座標および球座標のラプラシアン

3次元直交座標のラプラシアンは、関数を $f(x,y,z)$ とすると、次式で与えられる。

$$
\nabla^2 f = \left(\frac{\partial^2}{\partial x^2} + \frac{\partial^2}{\partial y^2} + \frac{\partial^2}{\partial z^2}\right) f \tag{5.2-9}
$$

3次元直交座標 (x,y,z) と円柱座標 (r,θ,z) では、次式の関係が成立する。

$$
x = r\cos\theta, \quad y = r\cos\theta, \quad z = z \tag{5.2-10a}
$$

したがって、2次元直交座標と極座標のラプラシアンより、円柱座標では、次式となる。

$$
\nabla^2 = \frac{\partial^2}{\partial x^2} + \frac{\partial^2}{\partial y^2} + \frac{\partial^2}{\partial z^2} = \frac{\partial^2}{\partial r^2} + \frac{1}{r}\frac{\partial}{\partial r} + \frac{1}{r^2}\frac{\partial^2}{\partial \theta^2} + \frac{\partial^2}{\partial z^2} \tag{5.2-10b}
$$

3次元直交座標 (x,y,z) と球座標 (r,θ,ϕ) では、次式の関係が成立する。

$$
x = r\sin\theta\cos\phi, \quad y = r\sin\theta\sin\phi, \quad z = r\cos\theta \tag{5.2-11a}
$$

計算過程は省略するが、球座標のラプラシアンは、次式のようになる。

$$
\begin{aligned}
\nabla^2 &= \frac{\partial^2}{\partial x^2} + \frac{\partial^2}{\partial y^2} + \frac{\partial^2}{\partial z^2} = \frac{\partial^2}{\partial r^2} + \frac{1}{r^2}\frac{\partial^2}{\partial \theta^2} + \frac{1}{r^2\sin^2\theta}\frac{\partial^2}{\partial \phi^2} + \frac{2}{r}\frac{\partial}{\partial r} + \frac{1}{r^2\tan\theta}\frac{\partial}{\partial \theta} \\
&= \frac{1}{r^2}\frac{\partial}{\partial r}\left(r^2\frac{\partial}{\partial r}\right) + \frac{1}{r^2\sin\theta}\frac{\partial}{\partial \theta}\left(\sin\theta\frac{\partial}{\partial \theta}\right) + \frac{1}{r^2\sin^2\theta}\frac{\partial^2}{\partial \phi^2}
\end{aligned}
\tag{5.2-11b}
$$

5.3　最大最小問題およびラグランジェの未定係数法

(1) 2変数関数の最大値・最小値

2変数以上の多変数関数の極値を調べる方法を述べる。簡単のため2変数関数で説明する。1変数関数の極値で説明したように、極値では、接線の傾きが零になるため、2変数関数においても、極値では、各軸方向の接線の傾きが同時に零になる。したがって、極値では、次式が成立する。

$$\frac{\partial z}{\partial x} = 0, \quad \frac{\partial z}{\partial y} = 0 \tag{5.3-1}$$

この点が極大値か極小値か、また最大値か最小値かの判定は、このような偏微分が零になるような点すべての関数値を比較し、その近辺の接線の傾きの変化を観察すれば簡単に判定できる。例題として、以下の2つの問題で説明する。

a) 最小2乗法

図5.3-1のように n 組の観測データ（x_i, y_i）が得られているとき、この観測値の傾向を $y = ax + b$ の直線で近似する問題を考える。近似式の係数 a, b を決める方法として、図5.3-1のように観測値 y_i と近似式 y の値の誤差の2乗和が最小になる係数を決める方法が、用いられる。この方法は最小2乗法と呼ばれ、ガウス(独 , 1777 ～ 1655)によって考案された。

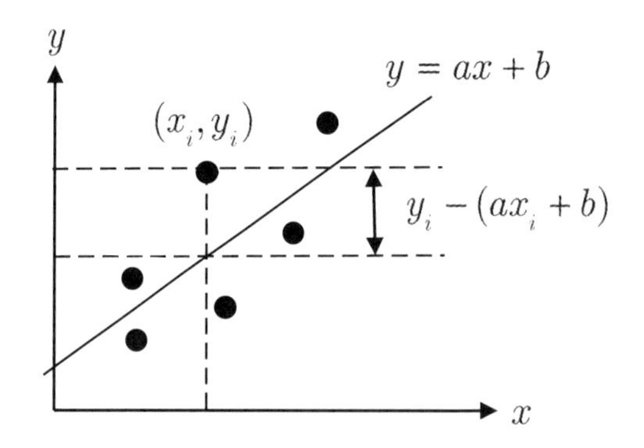

図5.3-1　観測値と直線近似の誤差の図的説明

観測値の平均値を $(\overline{x}, \overline{y})$ とすれば、係数は、次式で決められる。

$$
\begin{aligned}
& y = ax + b \\
& a = \frac{\sum_{i=1}^{n}\left(x_i - \overline{x}\right)\left(y_i - \overline{y}\right)}{\sum_{i=1}^{n}\left(x_i - \overline{x}\right)^2} \\
& b = \left(\frac{1}{n}\sum_{i=1}^{n} y_i\right) - a\left(\frac{1}{n}\sum_{i=1}^{n} x_i\right) = \overline{y} - a\overline{x}
\end{aligned}
\tag{5.3-2}
$$

上式は、以下のように求められる。誤差の２乗和は、次式で与えられる。

$$z(a,b)=\sum_i^n\left(y_i-ax_i-b\right)^2 \tag{5.3-3a}$$

上式の極値を求めるためには、次式が成り立つ条件から係数を決める。

$$\begin{aligned}\frac{\partial z(a,b)}{\partial a}&=2\sum_i^n\left(y_i-ax_i-b\right)\left(-x_i\right)=0\\ \frac{\partial z(a,b)}{\partial b}&=2\sum_i^n\left(y_i-ax_i-b\right)\left(-1\right)=0\end{aligned} \tag{5.3-3b}$$

上式より、係数bは、次式のようになる。

$$\begin{aligned}&a\sum_i^n x_i^2+b\sum_i^n x_i=\sum_i^n x_iy_i\\ &a\sum_i^n x_i+bn=\sum_i^n y_i\rightarrow b=\overline{y}-a\overline{x}\end{aligned} \tag{5.3-3c}$$

この連立１次方程式から、係数bを消去すると、係数aが次式のように求められる。

$$\begin{aligned}&a\left(\sum_i^n x_i^2-n\overline{x}^2\right)=\sum_i^n x_iy_i-n\overline{x}\,\overline{y}\\ &a=\frac{\sum_i^n x_iy_i-n\overline{x}\,\overline{y}}{\sum_i^n x_i^2-n\overline{x}^2}=\frac{\sum_i^n\left(x_i-\overline{x}\right)\left(y_i-\overline{y}\right)}{\sum_i^n\left(x_i-\overline{x}\right)^2}\end{aligned} \tag{5.3-3d}$$

5.3　補助記事１　三角測量の角測量の最確値

三角測量の角測量結果は、必ず誤差を伴う。この各測量の誤差を最小にするように誤差配分して誤差の最確値を求めるために、ガウスは最小２乗法を使って、測量精度の格段の向上に貢献した。

内角の測量結果をA,B,Cとする。誤差配分をした内角の最確値を$\overline{A},\overline{B},\overline{C}$とする。三角形の内角の和は180度なので、次式が成り立つ。

$$\overline{A}+\overline{B}+\overline{C}=180^\circ \tag{A5.3-1-1}$$

測量結果は誤差を含むので、誤差は、次式で与えられる。

$$\varepsilon_A=A-\overline{A},\quad \varepsilon_B=B-\overline{B},\quad \varepsilon_C=C-\overline{C} \tag{A5.3-1-2a}$$

この誤差の２乗和が最小になるような最確値を決める。

$$\varepsilon^2=\varepsilon_A^2+\varepsilon_B^2+\varepsilon_C^2\rightarrow \min \tag{A5.3-1-2b}$$

ただし、式(A5.3-1-1)の条件より、未知数は2つとなる($\bar{C}=180^\circ-(\bar{A}+\bar{B})$)。

$$\begin{aligned}
&\varepsilon^2(\bar{A},\bar{B})=\left(A-\bar{A}\right)^2+\left(B-\bar{B}\right)^2+\left(C-180^\circ+\bar{A}+\bar{B}\right)^2\\
&\frac{\partial\varepsilon^2(\bar{A},\bar{B})}{\partial\bar{A}}=-2\left(A-\bar{A}\right)+2\left(C-180^\circ+\bar{A}+\bar{B}\right)=0\\
&\frac{\partial\varepsilon^2(\bar{A},\bar{B})}{\partial\bar{B}}=-2\left(B-\bar{B}\right)+2\left(C-180^\circ+\bar{A}+\bar{B}\right)=0
\end{aligned} \tag{A5.3-1-2c}$$

上式の2と3段目の式と条件式(A5.3-1-1)から、次式が得られる。

$$\begin{aligned}
\bar{A}&=A-\left(\frac{A+B+C-180^\circ}{3}\right)\\
\bar{B}&=B-\left(\frac{A+B+C-180^\circ}{3}\right)\\
\bar{C}&=C-\left(\frac{A+B+C-180^\circ}{3}\right)
\end{aligned} \tag{A5.3-1-3}$$

上式右辺の第1項は、測量角である。第2項は測量角の和から180度を引いた測量角の内角和の誤差の1/3を等配分するものである。すなわち、三角測量の最確値は、測量角に測量角の内角和の誤差の1/3を等配分して求められる。

ラグランジェの未定係数法を使っても同じ結果が得られるが、次式に定式のみを示す。

$$\begin{aligned}
&F(\bar{A},\bar{B},\bar{C},\lambda)=\left(A-\bar{A}\right)^2+\left(B-\bar{B}\right)^2+\left(C-\bar{C}\right)^2-\lambda\left(\bar{A}+\bar{B}+\bar{C}-180^\circ\right)\\
&\frac{\partial F}{\partial\bar{A}}=\frac{\partial F}{\partial\bar{B}}=\frac{\partial F}{\partial\bar{C}}=\frac{\partial F}{\partial\lambda}=0
\end{aligned} \tag{A5.3-1-4}$$

b) 与えられた体積の最小表面積の直方体

体積Vが与えられた時の直方体の最小表面積の直方体を求める。直方体の底辺長と高さをx,y,zとすると、体積と表面積は、次式で与えられる。

$$V=xyz,\quad A=2(xy+xz+yz) \tag{5.3-4a}$$

体積Vが与えられるので、表面積は、次式のx,yの関数となる($z=V/xy$)。

$$A(x,y)=2\left(xy+\frac{V}{y}+\frac{V}{x}\right) \tag{5.3-4b}$$

表面積が最小になる条件は、次式である。

$$\begin{aligned}
&\frac{\partial A(x,y)}{\partial x}=2\left(y-V/x^2\right)=0\rightarrow y=V/x^2\\
&\frac{\partial A(x,y)}{\partial y}=2\left(x-V/y^2\right)=0\rightarrow x=V/y^2
\end{aligned} \tag{5.3-4c}$$

この条件式は、$x=y$ を表し、$V=x^3=y^3$ を意味するので、高さは、次式で与えられる。

$$z=V/xy=V/x^2=V^{1/3}\to x=y=z=V^{1/3} \tag{5.3-5a}$$

上式は、体積Vが与えられた時の最小表面積の直方体は、各辺が等しい正立方体であることを示す。最小表面積は、

$$A_{\min}(x=y=z=V^{1/3})=6V^{2/3} \tag{5.3-5b}$$

(2) ラグランジェの未定係数法

極値を探る別な方法として、以下のラグランジェの未定係数法がある。$g(x,y)=0$ の条件下で、関数 $z=f(x,y)$ の極値を与える点は、次式で与えられる。

$$\begin{aligned} &F(x,y,\lambda)=f(x,y)-\lambda g(x,y) \\ &\frac{\partial F}{\partial x}=0,\quad \frac{\partial F}{\partial y}=0,\quad \frac{\partial F}{\partial \lambda}=0 \end{aligned} \tag{5.3-6}$$

上式から、極値が得られる理由は、以下のようである。

$$\begin{aligned} &\frac{\partial F}{\partial x}=f_x-\lambda g_x=0,\quad \frac{\partial F}{\partial y}=f_y-\lambda g_y=0,\quad \frac{\partial F}{\partial \lambda}=-g(x,y)=0 \\ &\downarrow \\ &\frac{f_x}{g_x}=\frac{f_y}{g_y}=\lambda \end{aligned} \tag{5.3-7a}$$

この条件式は、以下のように $z=f(x,y)$ の極値を与える式と同じであるためである。

条件式 $g(x,y)=0$ より、$z=f(x,y)$ は変数 x のみの関数で、その極値は、次式で与えられる。

$$\begin{aligned} &z_x=\frac{\partial z}{\partial x}=f_x+f_y\frac{dy}{dx}=0,\quad g_x dx+g_y dy=0 \\ &\downarrow \\ &z_x=f_x+f_y\left(-g_x/g_y\right)=0 \end{aligned} \tag{5.3-7b}$$

上式から、次式が得られ、これは、ラグランジェの未定係数法の式(5.3-7a)と同じである。

$$\frac{f_x}{g_x}=\frac{f_y}{g_y} \tag{5.3-7c}$$

a) 与えられた体積の最小表面積の円柱と直方体

ラグランジェの未定係数法を使い、与えられた体積Vの円柱と直方体の表面積が最小となるものを求める。この問題は、1 変数と 2 変数の偏微分の演習として、4.2 節 (1) 項と 5.3 節(1)項で扱った。円柱の半径と高さを x,y、直方体の底辺長と高さを x,y,z とする。

円柱から始める。体積Vと表面積およびラグランジェ関数は、次式で与えられる。

$$
\begin{aligned}
&g(x,y) = V - \pi x^2 y = 0 \\
&A = f(x,y) = 2\pi\left(x^2 + xy\right) \\
&F(x,y,\lambda) = f(x,y) - \lambda g(x,y)
\end{aligned}
\tag{5.3-8a}
$$

上式のラグランジェ関数の偏微分は、

$$
\begin{aligned}
&\frac{\partial F}{\partial x} = 2\pi\left(2x + y + \lambda xy\right) = 0 \\
&\frac{\partial F}{\partial y} = \pi\left(2x + \lambda x^2\right) = 0 \\
&\frac{\partial F}{\partial \lambda} = -\left(V - \pi x^2 y\right) = 0
\end{aligned}
\tag{5.3-8b}
$$

上式 2 段より、$\lambda x = -2$ となり、これを上段式に代入すると、$y = 2x$ が得られる。下段式に代入すると、$V = 2\pi x^3$ が得られる。したがって、

$$
\begin{aligned}
&y = 2x, \quad x = \left(\frac{V}{2\pi}\right)^{1/3} \\
&A_{\min}\left(x = \left(V / 2\pi\right)^{1/3}, y = 2x\right) = 6\pi\left(\frac{V}{2\pi}\right)^{2/3} \simeq 5.53V^{2/3}
\end{aligned}
\tag{5.3-8c}
$$

直方体では、体積V と表面積およびラグランジェ関数は、次式で与えられる。

$$
\begin{aligned}
&g(x,y) = V - xyz = 0 \\
&A = f(x,y,z) = 2\left(xy + xz + yz\right) \\
&F(x,y,\lambda) = f(x,y) - \lambda g(x,y)
\end{aligned}
\tag{5.3-9a}
$$

上式のラグランジェ関数の偏微分は、

$$
\begin{aligned}
&\frac{\partial F}{\partial x} = 2\left(y + z\right) + \lambda yz = 0 \\
&\frac{\partial F}{\partial y} = 2\left(x + z\right) + \lambda xz = 0 \\
&\frac{\partial F}{\partial z} = 2\left(x + y\right) + \lambda xy = 0 \\
&\frac{\partial F}{\partial \lambda} = -\left(V - xyz\right) = 0
\end{aligned}
\tag{5.3-9b}
$$

上式 1 段から 2 段式を引くと、$(y - x)(1 + \lambda z / 2) = 0$ が得られる。また、2 段式から 3 段式を引くと、$(z - y)(1 + \lambda x / 2) = 0$ が得られる。したがって、

$$
\begin{aligned}
&x = y = z, \quad x = V^{1/3} \\
&A_{\min}\left(x = y = z = V^{1/3}\right) = 6V^{2/3}
\end{aligned}
\tag{5.3-9c}
$$

これらの結果は、すでに述べた 4.2 節(1)項と 5.3 節(1)項のものと同じである。

第6章
面積と積分並びに積分と微分の関係

1変数の積分と微分の関係を示す。その前に、面積の定義から始める。

6.1　面積

長さ(距離)を測るためには、基準になる長さを決めて、その基準長さの何倍であるかで長さが表されるように、図形の面積は、単位長さの正方形で囲まれる領域を単位面積として、この基準の正方形の面積の何倍かで測られる。体積も単位正立方体の何倍かで測られる。

図 6.1-1 の辺の長さが a,b の長方形の面積を考える。単位面積1の正方形が、長さ a の辺の方向に a 個、長さ b の辺の方向に b 個できるので、合計 a,b 個の単位面積正方形で長方形内が埋められるので、長方形の面積 A は、次式となる。

$$A = ab \tag{6.1-1a}$$

一辺の長さ a 、高さ h の平行四辺形では、図 6.1-1 (c) のように切って並べ変えると長方形

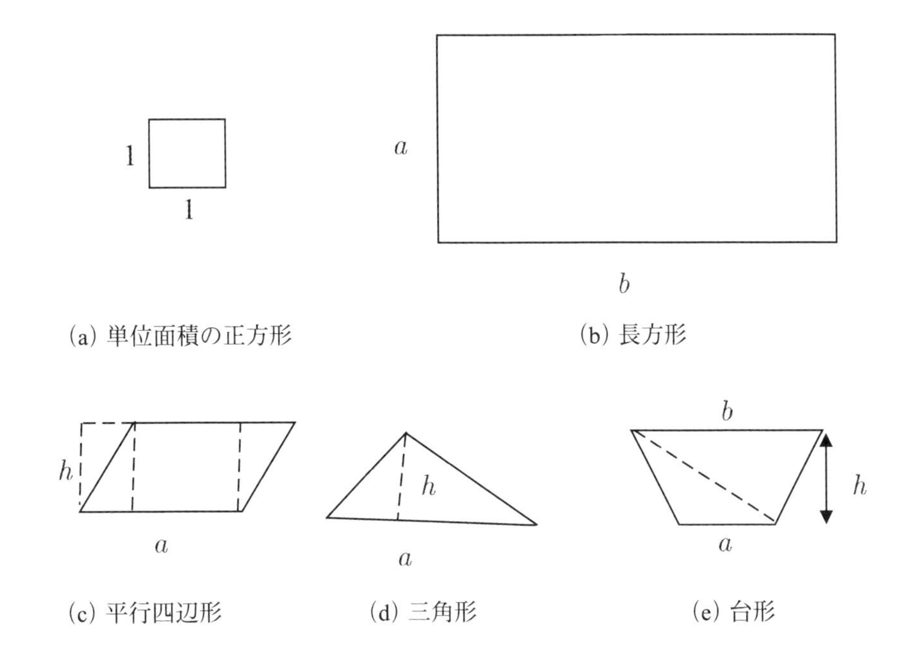

図 6.1-1　単位面積の正方形(a)と長方形(b)、平行四辺形(c)、三角形(d)、台形の面積(e)

と同じになるので、平行四辺形の面積は、

$$A = ah \tag{6.1-1b}$$

底辺の長さ a 高さ h の三角形の面積は、同じ三角形を重ね合わせると平行四辺形なので、

$$A = \frac{1}{2}ah \tag{6.1-1c}$$

台形では、底辺の長さが a または b 、高さが h の 2 つの三角形の重ね合わせで表されるので、

$$A = \frac{1}{2}ah + \frac{1}{2}bh = \frac{1}{2}\left(a+b\right)h \tag{6.1-1d}$$

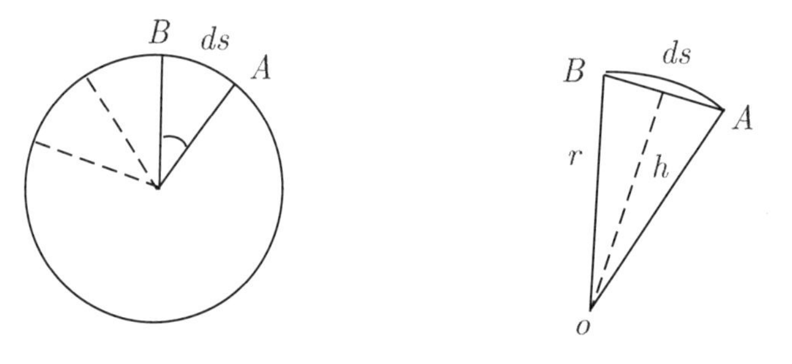

図 6.1-2　無限小の 2 等辺三角形の和と円の面積

円の面積は、図 6.1-2 のように n 個の 2 等辺三角形に分割し、分割数 n が無限に大きくなると、2 等辺三角形の底辺の長さと円弧 AB の長さ ds は同じになるので、以下のように求められる。

角度は円弧の長さと半径の比として定義されるので、円弧の長さは、$ds = rd\theta$ ($nd\theta = 2\pi$) である。また、2 等辺三角形の高さ h と底辺の長さ a と面積 dA は、次式で与えられる。

$$h = r\cos(d\theta / 2) \simeq r, \quad a = 2r\sin(d\theta / 2) \simeq rd\theta = ds$$
$$dA = \frac{1}{2}ah = \frac{1}{2}r^2 d\theta \tag{6.1-2a}$$

n 個の 2 等辺三角形の和として円の面積が求められるので、円の面積 A は、次式で与えられる。

$$A = n \cdot dA = n \cdot \frac{1}{2}r^2 d\theta = (nd\theta)\frac{1}{2}r^2 = 2\pi\frac{1}{2}r^2 = \pi r^2 \tag{6.1-2b}$$

図 6.1-1 の直線からなる図形の面積には、無限の数値は現れないが、曲線の円の面積には、π という超越数が現れる。

6.2　面積と積分および微分との関係

ここで、図 6.2-1 (a) のような関数 $y = f(x)$ と変数 $a \le x \le b$ で囲まれる領域の面積を求める。図 6.2-1 (b) のように n 個の底辺長 dx の微小長方形に分割して、微小長方形の面積を足し合わせて面積を求めることができる。求める図形の面積 A_n は、次式で与えられる。

$$A_n = \sum_{j=1}^{n} dA_j$$
$$dA_i = f(x_j)dx \qquad (6.2\text{-}1a)$$
$$x_j = a + (j-1)dx, \quad dx = \frac{b-a}{n}$$

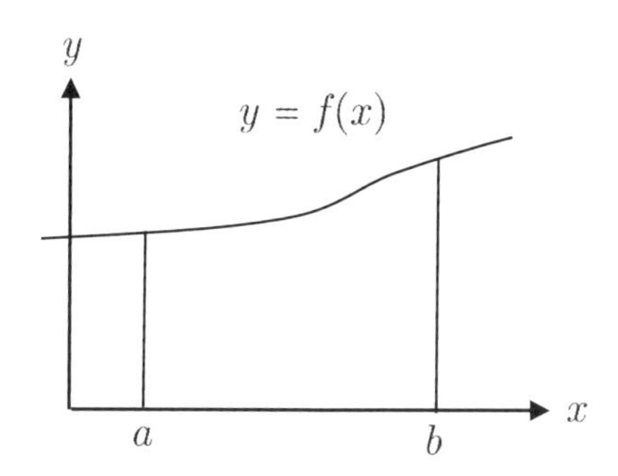

(a) 関数 $y = f(x)$ と変数 $a \le x \le b$ で囲まれる領域の面積

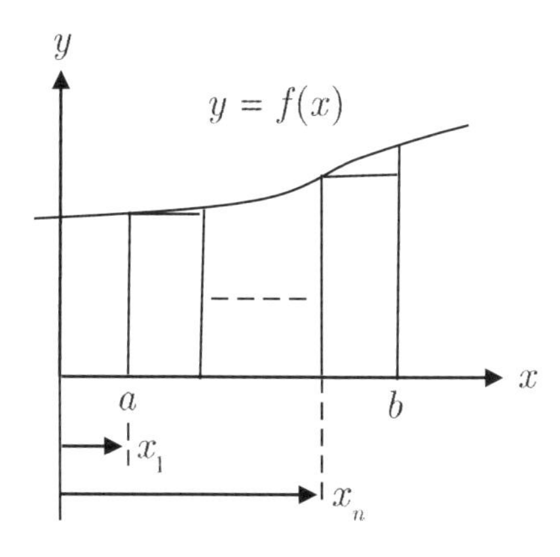

(b) 関数 $y = f(x)$ と変数 $a \le x \le b$ で囲まれる領域の面積の微小長方形への分割と記号

図 6.2-1　面積と積分の説明図

したがって、求める領域の面積は、n を無限に大きくすると、dx は無限に小さくなるので、次式で与えられる。

$$A = \lim_{n\to\infty} A_n = \lim_{n\to\infty} \sum_{j=1}^{n} f(x_j)dx = \int_a^b f(x)dx \tag{6.2-1b}$$

上式の右辺最後の項の記号は、離散化された微小長方形を足し合わせる記号を連続量として扱って、図 6.2-2 のように x 点の底辺長 dx の微小長方形面積 $f(x)dx$ を $a \le x \le b$ で足し合わせる意味で導入されたものである。この新しい表現は、関数 $f(x)$ の積分と呼ばれ、$a \le x \le b$ を積分範囲という。

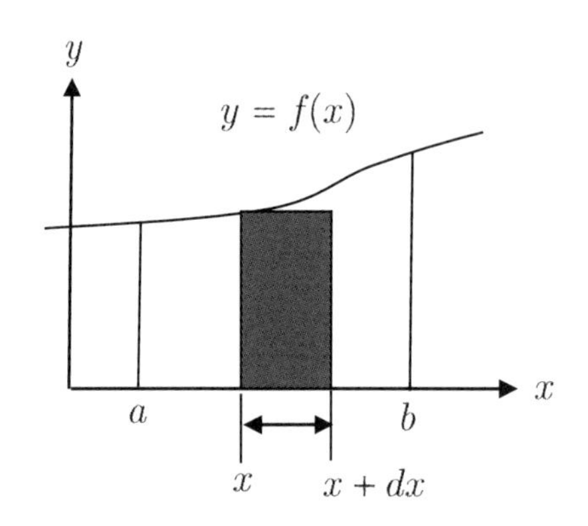

図 6.2-2　関数 $y = f(x)$ において $x, x + dx$ で囲まれる微小長方形面積 $f(x)dx$

上式を、次式のように書くと、右辺は関数 $f(x)$ の $x = a$ から b の積分と読む。物理的な意味では、図 6.2-2 のように微小長方形面積 $f(x)dx$ を足し合わせると理解すれば、応用が利くようになる。

$$A = \int_a^b f(x)dx \tag{6.2-2}$$

次に、b の値が $b + db$ と大きくなると、それぞれの面積は、次式で与えられる。

$$\begin{aligned} A(b) &= \int_a^b f(x)dx \\ A(b + db) &= \int_a^{b+db} f(x)dx \end{aligned} \tag{6.2-3a}$$

$a \le x \le b + db$ の面積は、$a \le x \le b$ の面積に底辺 db の微小長方形の面積 $f(b)db$ を加えて求められるので、次式が得られる。

$$A(b + db) = A(b) + f(b)db \tag{6.2-3b}$$

この式を書き換えると、

$$f(b) = \frac{A(b + db) - A(b)}{db} = \frac{dA(b)}{db} \tag{6.2-3c}$$

また、$b \to x$ に書き変えると、

$$f(x) = \frac{dA(x)}{dx}$$
$$A(x) = \int_a^x f(z)dz \tag{6.2-3d}$$

上式は、関数 $y = f(z)$ と $a \le z \le x$ で囲まれる領域の面積を関数 $A(x)$ とすると、その微分は関数 $f(x)$ になることを示す。

もう少し上式の微分と積分の関係を調べるために、次式のように面積 $A(x)$ に定数 C を加えた関数を定義する。

$$B(x) = A(x) + C \tag{6.2-4a}$$

この関数の微分は、$B(x) / dx = f(x)$ となる。また、次式が成立する。

$$A(x) = \int_a^x f(z)dz = B(x) - C \tag{6.2-4b}$$

$A(a) = 0$ なので、定数 $C = B(a)$ となる。したがって、次式が得られる。

$$\int_a^x f(z)dz = \Big[B(x)\Big]_a^x = B(x) - B(a)$$
$$\frac{dB(x)}{dx} = f(x) \tag{6.2-5a}$$

上式は、関数 $f(x)$ の定積分と呼ばれる。微分すると被積分関数 $f(x)$ になるような関数 $B(x)$ を次式のように書いて、不定積分と呼ぶ。

$$\int f(x) = B(x)$$
$$\frac{dB(x)}{dx} = f(x) \tag{6.2-5b}$$

不定積分は、形式的に次式のように書いて覚えるとよい。

$$\frac{dB(x)}{dx} = f(x) \leftrightarrow dB(x) = f(x)dx \leftrightarrow \int dB(x) = \int f(x)dx \tag{6.2-5c}$$

以上の積分記号や微分記号は、ほとんどオイラーが整理したものであるが、微分と積分の関係は、最初、ニュートンやライプニッツによって導入された(6.2 補助記事 1)。

6.2　補助記事 1　微分と積分、ニュートンとライプニッツ

ライプニッツ(1646 年～ 1716 年)は、ニュートン(1642 年～ 1727 年)より 4 年遅れてドイツのザクセン州ライプツイッヒに生まれた。父はライプツイッヒ大学の法律学の教授で、17 歳にはライプツイッヒ大学に入学し、神学、法学、哲学、数学を学び、1667 年にニュルンベルグのアルトドルフ大学から法学博士号を授与された後、外交官の職を得て、1672 年、パリに赴いている。彼のパトロンが死んだこともあり外交官としての

職を解かれるが、その後もパリに滞在し、昔から興味を持っていた数学の研究にもどっている。このパリ在住の当時ヨーロッパ最高の数学者、物理学者であったオランダのホイヘンス(1629年～1695年)にめぐり合う幸運にめぐまれ、ホイヘンスの指導のもとに、デカルトの幾何学やパスカルの数学等を速やかにマスターし、パリ滞在中の1672年から1676年の4年間で微分・積分法(微積分法)の基礎を創っている。

ライプニッツとニュートンが独立に微積分法を創り出したことは、科学史の研究者の共通認識である。ニュートンが微積分法を創っていたのは、1665年から1666年であるが、ニュートンはこの発見をすぐには公表せずに1704年に出版した数学書De Quadraturaで公表している。一方、ライプニッツは、1670年代になって微積分法を発見し、1684年に「微積分法の発見」に関する論文を公表しているので、公表したのはニュートンより先であった。

ライプニッツの微積分法の特徴は、従来の無限小解析に記号を導入し、計算力を増したことであるといわれる。例えば、$dx, dy, dy / dx, \int f(x)dx$ などの記号で、これらは世界中で使われるようになり、私たちが現在使うものと本質的に同じものである。

6.3　積分の重要公式と例題

積分の重要公式は、部分積分と不定積分であろう。これらを使うと、テイラー展開や積分値が境界値から得られるからである。

(1) 部分積分

次式の部分積分の公式を導く。

$$\begin{aligned}&\int_a^b f'(x)g(x)dx = \left[f(x)g(x)\right]_a^b - \int_a^b f(x)g'(x)dx \\ &\left[f(x)g(x)\right]_a^b = \int_a^b \left(\frac{df(x)}{dx}g(x) + \frac{dg(x)}{dx}f(x)\right)dx\end{aligned} \tag{6.3-1}$$

上式下段の部分積分公式は、「右辺のように2つの関数の微分の和が被積分関数となる積分値は、左辺のように2つの関数の積の境界値のみで決められる」ことを表す。2変数や3変数の部分積分では、面積分が線積分(2変数の場合)、体積積分が面積分(3変数の場合)で表せるという境界要素法や解析学で重要なガウスの発散定理が得られる。

上式は、次式の微分公式から求められる。

$$\left(f(x)g(x)\right)' = f'(x)g(x) + f(x)g'(x) \tag{6.3-2a}$$

両辺に dx を掛け、積分すると、次式が得られる。

$$d\left(f(x)g(x)\right)=\left(f'(x)g(x)+f(x)g'(x)\right)dx$$
$$f(x)g(x)=\int\left(f'(x)g(x)+f(x)g'(x)\right)dx \tag{6.3-2b}$$

したがって、定積分は、次式となり、これは部分積分公式である。

$$\left[f(x)g(x)\right]_a^b=\int_a^b\left(f'(x)g(x)+f(x)g'(x)\right)dx$$
$$\int_a^b f'(x)g(x)dx=\left[f(x)g(x)\right]_a^b-\int_a^b f(x)g'(x)dx \tag{6.3-2c}$$

上式で、$g(x)=1$ の時、次式の定積分が得られる。

$$\int_a^b f'(x)dx=f(b)-f(a) \tag{6.3-3a}$$

この式右辺は、微小長さ dx で離散化し、$a=x_1<x_2\cdots<x_{n-1}<x_n=b$ とすると、次式のように書き変えられる。

$$\begin{aligned}f(b)-f(a)&=f(x_n)-f(x_{n-1})+f(x_{n-1})-\cdots-f(x_2)+f(x_2)-f(x_1)\\&=\sum_{j=1}^{n}\frac{f(x_j)-f(x_{j-1})}{dx}dx\\&=\sum_{j=1}^{n}f'(x_j)dx=\int_a^b f'(x)dx\end{aligned} \tag{6.3-3b}$$

上式は、式(6.2-5a)の定積分と同じである($B(x)=f(x)\to B'(x)=f'(x)$)。

(2) テイラー展開と部分積分

定積分の公式と部分積分を使うと、テイラー展開($x=0$：マクローリン展開)が得られること示す。式 (6.3-3) の積分範囲の x と混同しないために被積分関数を $f(z)$ と表すと、次式が得られる。

$$f(x)=f(a)+\int_a^x f'(z)dz \tag{6.3-4a}$$

上式に部分積分を使うと、次式のように書き変えられる。

$$\begin{aligned}f(x)&=f(a)+\int_a^x 1\cdot f'(z)dz\\&=f(a)+\int_a^x -(x-z)'f'(z)dz\\&=f(a)+\left[-(x-z)f'(z)\right]_a^x-\int_a^x -(x-z)f''(z)dz\\&=f(a)+(x-a)f'(a)+\int_a^x (x-z)f''(z)dz\end{aligned} \tag{6.3-4b}$$

部分積分を使うと、上式右辺第 3 項は、次式のようになる。

$$\int_a^x (x-z)f''(z)dz = \int_a^x -\left(\frac{(x-z)^2}{2!}\right)' f''(z)dz$$
$$= \left[-\left(\frac{(x-z)^2}{2!}\right)f''(z)\right]_a^x - \int_a^x -\left(\frac{(x-z)^2}{2!}\right)f'''(z)dz \qquad (6.3\text{-}4c)$$
$$= \frac{(x-a)^2}{2!}f''(a) + \int_a^x \frac{(x-z)^2}{2!}f'''(z)dz$$

同様に部分積分を繰り返すと、次式のテイラー展開が得られる。

$$f(x) = f(a) + f'(a)(x-a) + \frac{1}{2!}f''(a)(x-a)^2 + \cdots + \frac{1}{n!}f^n(a)(x-a)^n + R_{n+1}(x)$$
$$R_{n+1}(x) = \frac{1}{n!}\int_a^x (x-z)^n f^{n+1}(z)dz \qquad (6.3\text{-}4d)$$

以上のテイラー展開式は、微分と積分の関係に部分積分を繰り返し使って求められたもので、余剰項 $R_{n+1}(x)$ も与えられるので、このテイラー展開の定式化は、2 章のニュートン流の多項式から求めるテイラー展開よりも厳密なものである。

(3) 積分による円の面積

この前に、もっとも簡単な不定積分を示す。次式の不定積分 $B(x)$ を求める。

$$B(x) = \int cx^n dx \qquad (6.3\text{-}5a)$$

微分すると被積分関数 cx^n になるような関数 $B(x)$ が不定積分なので、

$$B(x) = c\frac{x^{n+1}}{n+1} \qquad (6.3\text{-}5b)$$

事実、これを微分すると、

$$B'(x) = \left(c\frac{x^{n+1}}{n+1}\right)' = cx^n \qquad (6.3\text{-}5c)$$

不定積分を求めるには、関数の微分公式を覚えておく必要があるが、積分は結構ややこしいので、積分公式集や数式処理プログラムを使うのが便利である。

さて、図 6.3-1 の半径 r の円の面積を積分で求める。微小扇形 OAB の面積 dA は、近似的に高さ r 、底面長さ $rd\theta$ の三角形の面積に等しいので、

$$dA = \frac{1}{2}\left(rd\theta\right)r \qquad (6.3\text{-}6a)$$

円の面積は、この微小扇形の面積を $0 \le \theta \le 2\pi$ の範囲で足し合わせて求められる。

$$A = \int_0^{2\pi} dA = \frac{1}{2}r^2\int_0^{2\pi} d\theta = \frac{1}{2}r^2\left[\theta\right]_0^{2\pi} = \frac{1}{2}r^2\left(2\pi - 0\right) = \pi r^2 \qquad (6.3\text{-}6b)$$

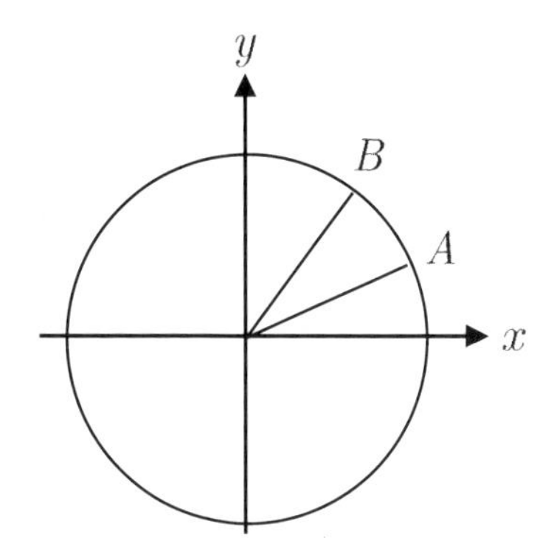

図 6.3-1　半径 r の円の面積と微小面積と座標

第7章
多変数関数の積分

1変数関数の積分（不定積分）と同様に、2つや3つの変数 $(x, y), (x, y, z)$ の関数 $f(x, y), f(x, y, z)$ の積分を考えることができる。2と3変数の不定積分は2重積分と3重積分呼ばれる。

ここでは、2重積分と変数変換の2重積分から始め、3重積分やガウスの発散定理を説明する。

7.1　2重積分

2変数 x, y の関数 $z = f(x, y)$ の次式の不定積分は、2重積分と呼ばれる。

$$F(x, y) = \iint f(x, y) dx dy \tag{7.1-1}$$

この2重積分の幾何学的意味は、図7.1-1のように、x, y 平面と関数 $z = f(x, y)$ で囲まれる領域の体積（面積と同様、単位長さ1の正立方体の体積を1として、その何倍かで表す）と解釈できる。

図7.1-1で、x, y 平面上の点 (x, y) の微小長方形の面積は $dxdy$ 、高さは $z = f(x, y)$ なので、微小直方体の体積は $f(x, y)dxdy$ となる。これらを足し合わせて、体積が求められる。もちろん、体積を求めるには領域が設定されなければならないので、変数 x, y の範囲を決めて、こ

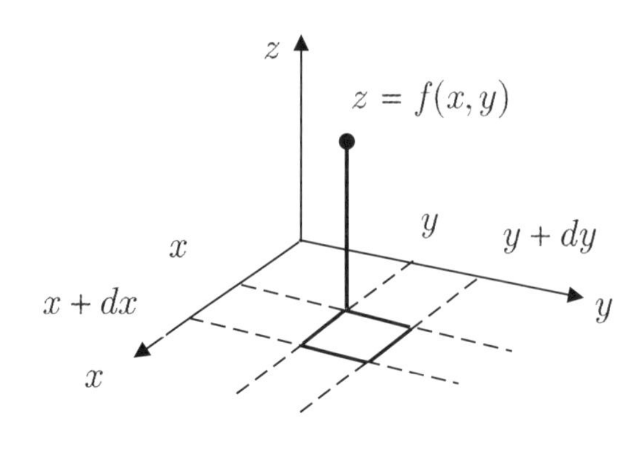

図7.1-1　2重積分と体積の説明図

の変数範囲の足し合わせとして体積が求められる。積分範囲を与えた場合は、定積分ということは 1 変数の場合と同様である。

次のような 2 重積分の計算を考える。領域 $A(x \geq 0, y \geq 0, x^2 + y^2 \leq r)$ で 2 変数 x, y が与えられる場合、次の 2 重定積分を求める。

$$
\begin{aligned}
&V = \iint_A xydxdy \\
&A(x \geq 0, y \geq 0, x^2 + y^2 \leq r)
\end{aligned}
\tag{7.1-2a}
$$

領域 A は、図 7.1-2 のように半径 r の円と座標 x, y 軸の第 1 象限で囲まれる範囲である。x を固定すると、y は、$0 \leq y \leq \sqrt{r^2 - x^2}$ となる。したがって、2 重積分は、次式のように求められる。

$$
\begin{aligned}
V &= \iint_A xydxdy = \int_0^r xdx \int_0^{\sqrt{r^2-x^2}} ydy = \int_0^r x \left[\frac{y^2}{2}\right]_0^{\sqrt{r^2-x^2}} dx \\
&= \frac{1}{2}\int_0^r x(r^2 - x^2)dx = \frac{1}{2}\left[r^2\frac{x^2}{2} - \frac{x^4}{4}\right]_0^r = \frac{1}{2}\left(\frac{r^4}{2} - \frac{r^4}{4}\right) \\
&= \frac{1}{8}r^4
\end{aligned}
\tag{7.1-2b}
$$

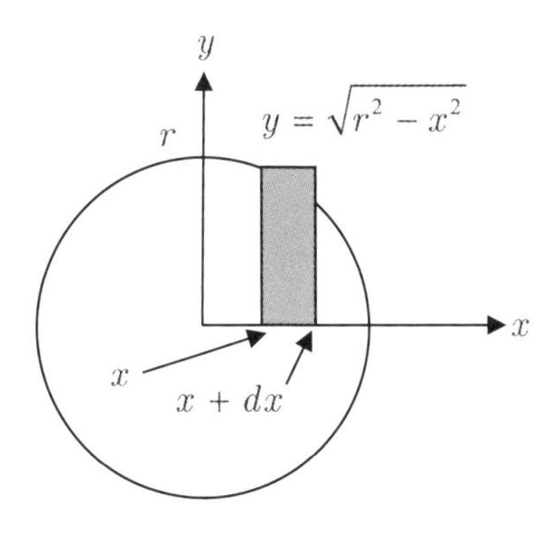

図 7.1-2　変数の領域 A

7.2　変数変換による 2 重積分

変数変換をすると、2 重積分がより易しくなる場合が多い。そこで、変数変換と 2 重積分の関係式を求める。

変数 x, y が次式のように別の変数 u, v に、また、変数 x, y は、変数 u, v と次式の関数で変換されるものとする。

$$
\begin{aligned}
u &= g_1(x, y), \quad x = h_1(u, v) \\
v &= g_2(x, y), \quad y = h_2(u, v)
\end{aligned}
\tag{7.2-1}
$$

このことは、変数 u, v を決めると、変数 x, y が決まるので、x, y 平面上の曲線が決まることを意味する。変数x, yは、x, y軸が直交する座標上の1点を表すので直交座標と呼ばれる。また、変数u, vも座標上の1点を表すが、一般には、u, v軸が直交しないので、曲線座標と呼ばれる。例えば、次式の極座標では、次式となるので、変数r, θは半径rの円周と傾き$\tan\theta$の直線を表す（図7.2-1）。また、変数r, θが微小変化して変数$r+dr, \theta+d\theta$となれば、図7.2-1のような半径$r+dr$の円と傾き$\tan(\theta+d\theta)$の2つの曲線を表す。

$$
\begin{aligned}
x &= r\cos\theta, \quad r^2 = x^2 + y^2 \\
y &= r\sin\theta, \quad \tan\theta = \frac{y}{x}
\end{aligned}
\tag{7.2-2}
$$

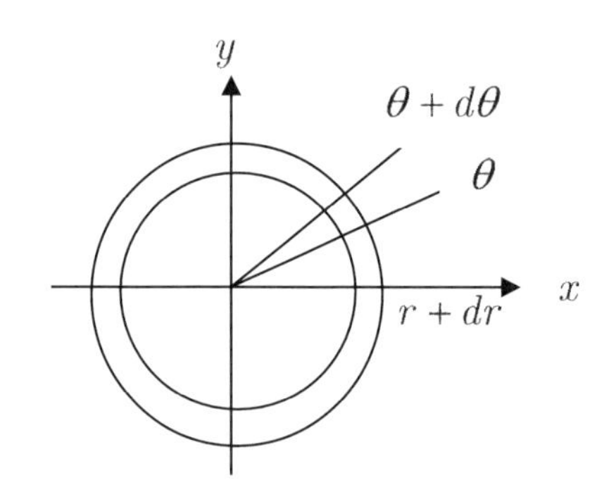

図7.2-1　x, y直交座標とr, θ極座標の関係

図7.2-2の直交座標x, yと曲線座標u, vにおいて、変数が微小変化した時の$u+du, v+dv$曲線座標で囲まれる微小四辺形の面積$dA(p_1, p_2, p_3, p_4)$を考察する。

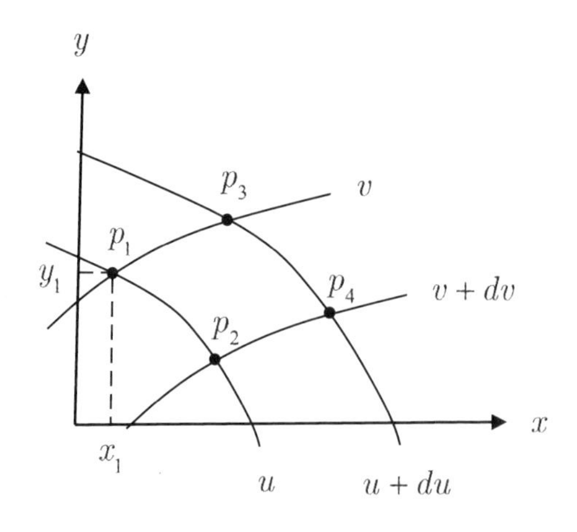

図7.2-2　直交座標x, yと曲線座標u, vの微小変化で囲まれる微小四辺形と記号

曲線座標 u, v の交点 p_1 の直交座標を x_1, y_1 とすると、次式が成立する。

$$
\begin{aligned}
x_1 &= h_1(u,v) \\
y_1 &= h_2(u,v)
\end{aligned}
\tag{7.2-3a}
$$

また、曲線座標 $u, v+dv$ の交点 p_2 の直交座標を x_2, y_2 とすると、次式が成立する。

$$
\begin{aligned}
x_2 &= h_1(u, v+dv) = h_1(u,v) + \frac{\partial h_1(u,v)}{\partial v}dv \\
y_2 &= h_2(u, v+dv) = h_2(u,v) + \frac{\partial h_2(u,v)}{\partial v}dv
\end{aligned}
\tag{7.2-3b}
$$

同様に、交点 p_3, p_4 の直交座標を x_3, y_3 と x_4, y_4 すると、次式が成立する。

$$
\begin{aligned}
x_3 &= h_1(u+du, v) = h_1(u,v) + \frac{\partial h_1(u,v)}{\partial u}du \\
y_3 &= h_2(u+du, v) = h_2(u,v) + \frac{\partial h_2(u,v)}{\partial u}du \\
x_4 &= h_1(u+du, v+dv) = h_1(u,v) + \frac{\partial h_1(u,v)}{\partial u}du + \frac{\partial h_1(u,v)}{\partial v}dv \\
y_4 &= h_2(u+du, v+dv) = h_2(u,v) + \frac{\partial h_2(u,v)}{\partial u}du + \frac{\partial h_2(u,v)}{\partial v}dv
\end{aligned}
\tag{7.2-3c}
$$

ここで、上式右辺の第2項はテーラー展開の第2項までを使った。

近似的に微小四辺形の面積 $dA(p_1, p_2, p_3, p_4)$ は、三角形の面積 $dB(p_1, p_2, p_3)$ の2倍となる。この三角形の面積は、次式の交点 (p_1, p_2, p_3) の座標の行列式で与えられる（7.2 補助記事 1）。次式の ± 記号は、面積が正のように選ぶ。

$$
dA(p_1, p_2, p_3, p_4) = 2dB(p_1, p_2, p_3) = \pm 2\frac{1}{2}\begin{vmatrix} x_1 & y_1 & 1 \\ x_2 & y_2 & 1 \\ x_3 & y_3 & 1 \end{vmatrix}
\tag{7.2-4a}
$$

上式に交点の座標を代入すると、微小四辺形の面積は、次式のように求められる。

$$
\begin{aligned}
dA(p_1, p_2, p_3, p_4) &= \pm\begin{vmatrix} x_1 & y_1 & 1 \\ x_2 & y_2 & 1 \\ x_3 & y_3 & 1 \end{vmatrix} = \pm\begin{vmatrix} h_1 & h_2 & 1 \\ h_1 + \dfrac{\partial h_1}{\partial v}dv & h_2 + \dfrac{\partial h_2}{\partial v}dv & 1 \\ h_1 + \dfrac{\partial h_1}{\partial u}du & h_2 + \dfrac{\partial h_2}{\partial u}du & 1 \end{vmatrix} \\
&= \pm\begin{vmatrix} \dfrac{\partial h_1}{\partial v} & \dfrac{\partial h_2}{\partial v} \\ \dfrac{\partial h_1}{\partial u} & \dfrac{\partial h_2}{\partial u} \end{vmatrix} dudv = \pm\begin{vmatrix} \dfrac{\partial h_1}{\partial u} & \dfrac{\partial h_1}{\partial v} \\ \dfrac{\partial h_2}{\partial u} & \dfrac{\partial h_2}{\partial v} \end{vmatrix} dudv
\end{aligned}
\tag{7.2-4b}
$$

上式の微小四辺形の面積を次式のように表すのが一般的である。

$$dA = \pm J(u,v)dudv = \pm \frac{\partial(x,y)}{\partial(u,v)}dudv \tag{7.2-5a}$$

ここに、$J(u,v)$ は、ヤコビアンと呼ばれ、曲線座標上の微小四辺形の面積と微小変化量の積である。

$$J(u,v) = \pm \frac{\partial(x,y)}{\partial(u,v)} = \pm \begin{vmatrix} \dfrac{\partial h_1}{\partial u} & \dfrac{\partial h_1}{\partial v} \\ \dfrac{\partial h_2}{\partial u} & \dfrac{\partial h_2}{\partial v} \end{vmatrix} \tag{7.2-5b}$$

以上の曲線座標 u,v と直交座標 x,y の微小面積の関係を図示すると、図 7.2-3 のようになる。直交座標の微小長方形面積 $dxdy$ が、曲線座標の微小四辺形面積 $dA(p_1,p_2,p_3,p_4)$ に変換される様子を示す。両座標の微小面積の間には、次式が成立する。

$$dxdy = \pm Jdudv = \pm \frac{\partial(x,y)}{\partial(u,v)}dudv \tag{7.2-6a}$$

したがって、次式のように直交座標の 2 重積分は、曲線座標の 2 重積分に変換される。

$$\begin{aligned} \iint_A f(x,y)dxdy &= \iint_B f(h_1(u,v),h_2(u,v))\,|\,J\,|\,dudv \\ &= \iint_B f(h_1(u,v),h_2(u,v))\left|\frac{\partial(x,y)}{\partial(u,v)}\right|dudv \end{aligned} \tag{7.2-6b}$$

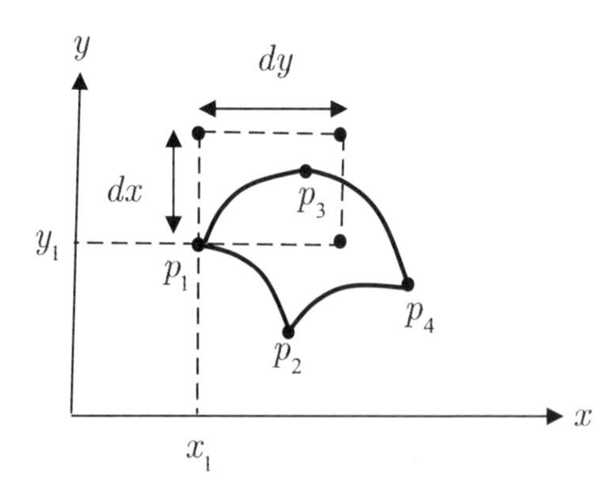

図 7.2-3　直交座標の微小長方形面積と曲線座標の微小四辺形面積の図的説明

直交座標の 2 重積分を変数変換して曲線座標の 2 重積分にすると、2 重積分が簡単になる例題を以下に示す。

図 7.2-4 のような 1/4 円の面積を求める問題を直交座標と極座標で求める。両者の比較から極座標の方が簡単であることがわかる。

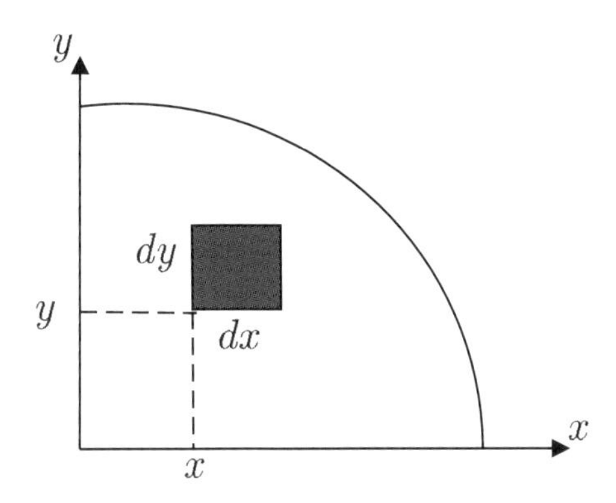

(a) 直交座標による半径 a の 1/4 円の面積

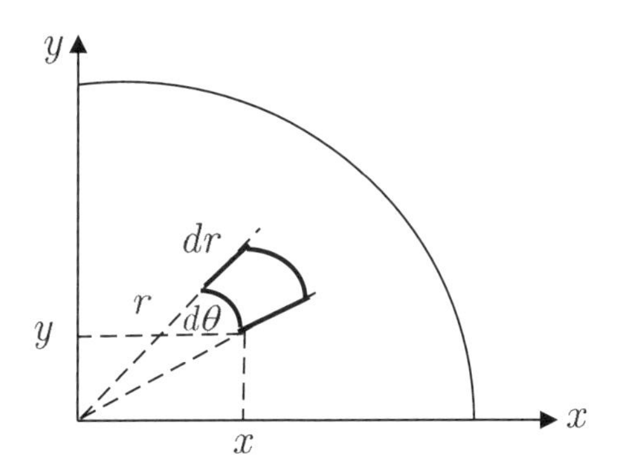

(b) 極座標による半径 a の 1/4 円の面積

図 7.2-4　半径 a の 1/4 円の面積を求めるための直交座標と極座標とその記号

図 7.2-4(a)の直交座標での面積は、次式のように求められる。

$$\begin{aligned} S &= \iint_A dxdy \\ &= \int_0^a \left(\int_0^{\sqrt{a^2-x^2}} dy \right) dx = \int_0^a \left[y \right]_0^{\sqrt{a^2-x^2}} dx = \int_0^a \sqrt{a^2-x^2}\, dx \end{aligned} \tag{7.2-7a}$$

この式最後の積分のために、$x = a\sin\theta$ とすると、$dx = a\cos\theta d\theta,\ 0 \le x \le a, 0 \le \theta \le \pi / 2$ である。面積は、

$$S = \int_0^a \sqrt{a^2 - x^2}dx$$
$$= a^2 \int_0^{\pi/2} \cos^2 \theta d\theta \qquad (7.2\text{-}7b)$$
$$= a^2 \int_0^{\pi/2} \frac{1+\cos 2\theta}{2} d\theta = \frac{a^2}{2}\left[\theta + \frac{1}{2}\sin 2\theta\right]_0^{\pi/2} = \frac{\pi a^2}{4}$$

図 7.2-4(b)の極座標では、$x = r\cos\theta, y = r\sin\theta$ なので、ヤコビアンは、次式となる。

$$J(u,v) = \pm\frac{\partial(x,y)}{\partial(r,\theta)} = \pm\begin{vmatrix} \frac{\partial x}{\partial r} & \frac{\partial x}{\partial \theta} \\ \frac{\partial y}{\partial r} & \frac{\partial y}{\partial \theta} \end{vmatrix} = \begin{vmatrix} \cos\theta & -r\sin\theta \\ \sin\theta & r\cos\theta \end{vmatrix} = r \qquad (7.2\text{-}8a)$$

極座標による半径 a の 1/4 円の面積は、次式の 2 重積分で求められる。

$$S = \iint_A dxdy = \iint_B |J| drd\theta = \int_0^a rdr \int_0^{\pi/2} d\theta = \frac{\pi}{2}\left[\frac{r^2}{2}\right]_0^a = \frac{\pi a^2}{4} \qquad (7.2\text{-}8b)$$

極座標では、微小面積は $dA = |J| drd\theta = rdrd\theta$ となる。この微小面積は、図 7.2-4 (b) の幾何学的考察から、底辺長さ $rd\theta$ 、高さ dr の微小長方形面積と同じである。

次式の 2 重積分を求める場合、もはや変数変換して求める方法しかないように思える。

$$V = \iint_A e^{x+y}\sin(x-y)dxdy$$
$$A\left(0 \le x+y \le \pi, 0 \le x-y \le \pi\right) \qquad (7.2\text{-}9a)$$

変数変換して、$u = x+y, v = x-y$ と置くと、上式は、次式のようにヤコビアンを使い書き変えられる。

$$V = \iint_B e^u \sin v |J| dudv = \frac{1}{2}\iint_B e^u \sin v dudv$$
$$B\left(0 \le u \le \pi, 0 \le v \le \pi\right)$$
$$x = \frac{u+v}{2}, \quad y = \frac{u-v}{2} \qquad (7.2\text{-}9b)$$
$$J = \begin{vmatrix} \frac{\partial x}{\partial u} & \frac{\partial x}{\partial v} \\ \frac{\partial y}{\partial u} & \frac{\partial y}{\partial v} \end{vmatrix} = \begin{vmatrix} \frac{1}{2} & \frac{1}{2} \\ \frac{1}{2} & -\frac{1}{2} \end{vmatrix} = -\frac{1}{4} - \frac{1}{4} = -\frac{1}{2}$$

この 2 重積分は、次式のように求められる。

$$V = \frac{1}{2}\iint_B e^u \sin v dudv = \frac{1}{2}\int_0^\pi e^u \left(\int_0^\pi \sin v dv\right) du$$
$$= \frac{1}{2}\int_0^\pi e^u \left[-\cos v\right]_0^\pi du = 2\frac{1}{2}\int_0^\pi e^u du \qquad (7.2\text{-}9c)$$
$$= \left[e^u\right]_0^\pi = e^\pi - 1$$

7.2　補助記事１　行列式による三角形の面積

三角形の３点の座標 $p_1(x_1,y_1),p_2(x_2,y_2),p_3(x_3,y_3)$ が、与えられた場合、三角形の面積は、次式で与えられること示す。

$$S=\pm\frac{1}{2}\begin{vmatrix}x_1 & y_1 & 1\\ x_2 & y_2 & 1\\ x_3 & y_3 & 1\end{vmatrix} \tag{A7.2-1-1}$$

このために、図 A7.2-1-1 のように $p_1(0,0)$ 点を原点とする三角形 $p_1(0,0),p_2(x_2,y_2),p_3(x_3,y_3)$ の面積を求める。

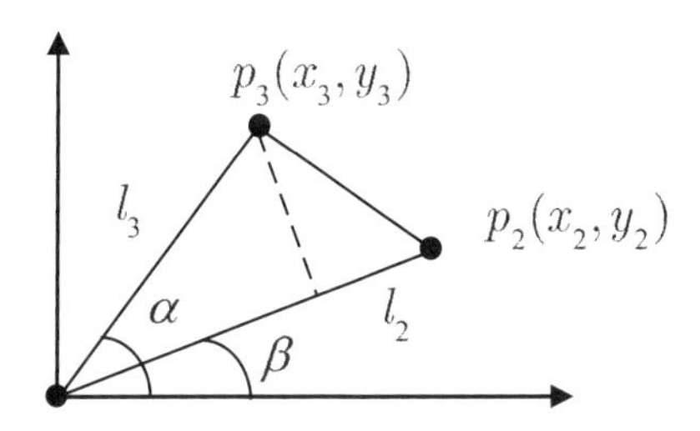

図 A7.2-1-1　$p_1(0,0)$ 点を原点とする三角形 $p_1(0,0),p_2(x_2,y_2),p_3(x_3,y_3)$

図 A7.2-1-1 より、次式が成立する。

$$\begin{aligned}x_2&=l_2\cos\beta,\quad x_3=l_3\cos\alpha\\ y_2&=l_2\sin\beta,\quad y_3=l_3\sin\alpha\end{aligned} \tag{A7.2-1-2a}$$

この三角形の面積は、次式で与えられる。

$$\begin{aligned}A&=\frac{1}{2}l_2l_3\sin(\alpha-\beta)\\ &=\frac{1}{2}l_2l_3\left(\sin\alpha\cos\beta-\sin\beta\cos\alpha\right)\\ &=\frac{1}{2}\left(y_3x_2-y_2x_3\right)=\frac{1}{2}\left(x_2y_3-x_3y_2\right)\end{aligned} \tag{A7.2-1-2b}$$

３点の座標 $p_1(x_1,y_1),p_2(x_2,y_2),p_3(x_3,y_3)$ が与えられた三角形の面積 S は、図 A7.2-1-1 の三角形 op_2p_3 から、三角形 op_1p_2 と三角形 op_1p_3 の面積を差し引いたものであるため、次式で求められる。

$$\begin{aligned}S&=\frac{1}{2}\left(x_2y_3-x_3y_2\right)-\frac{1}{2}\left(x_2y_1-x_1y_2\right)-\frac{1}{2}\left(x_1y_3-x_3y_1\right)\\ &=\frac{1}{2}\left(x_1y_2+x_2y_3+x_3y_1\right)-\frac{1}{2}\left(x_1y_3+x_2y_1+x_3y_2\right)\\ &=\frac{1}{2}\begin{vmatrix}x_1 & y_1 & 1\\ x_2 & y_2 & 1\\ x_3 & y_3 & 1\end{vmatrix}\end{aligned} \tag{A7.2-1-3}$$

以上の三角形の面積は、ベクトルの外積から求めることもできる。p_1p_2, p_1p_3 をベクトル $\mathbf{p_1p_2}, \mathbf{p_1p_3}$ とし、x, y, z 軸方向の単位ベクトルを $\mathbf{i}, \mathbf{j}, \mathbf{k}$ とすれば、これらのベクトルは、次式で与えられる。

$$\begin{aligned}\mathbf{p_1p_2} &= (x_2 - x_1)\mathbf{i} + (y_2 - y_1)\mathbf{j} \\ \mathbf{p_1p_3} &= (x_3 - x_1)\mathbf{i} + (y_3 - y_1)\mathbf{j}\end{aligned} \tag{A7.2-1-4a}$$

ベクトルの外積の定義から、この値は平行四辺形の面積（三角形面積 S の 2 倍）に相当し、次式で与えられる。

$$\begin{aligned}\mathbf{p_1p_2} \times \mathbf{p_1p_3} &= \left((x_2 - x_1)\mathbf{i} + (y_2 - y_1)\mathbf{j}\right) \times \left((x_3 - x_1)\mathbf{i} + (y_3 - y_1)\mathbf{j}\right) \\ &= \left((x_2 - x_1)(y_3 - y_1) - (x_3 - x_1)(y_2 - y_1)\right)\mathbf{k} = 2S\mathbf{k} \\ S &= \frac{1}{2}\left((x_2 - x_1)(y_3 - y_1) - (x_3 - x_1)(y_2 - y_1)\right) = \frac{1}{2}\begin{vmatrix} x_1 & y_1 & 1 \\ x_2 & y_2 & 1 \\ x_3 & y_3 & 1 \end{vmatrix}\end{aligned} \tag{A7.2-1-4b}$$

ここに、次式を用いた。

$$\begin{aligned}&\mathbf{i} \times \mathbf{i} = \mathbf{j} \times \mathbf{j} = \mathbf{k} \times \mathbf{k} = 0 \\ &\mathbf{i} \times \mathbf{j} = -\mathbf{j} \times \mathbf{i} = \mathbf{k}\end{aligned} \tag{A7.2-1-4c}$$

外積の別表現をすれば、次式のように三角形の面積が求められる。

$$\begin{aligned}S &= \frac{1}{2}\begin{vmatrix} \mathbf{i} & \mathbf{j} & \mathbf{k} \\ x_2 - x_1 & y_2 - y_1 & 0 \\ x_3 - x_1 & y_3 - y_1 & 0 \end{vmatrix} \\ &= \frac{1}{2}\left((x_2 - x_1)(y_3 - y_1) - (x_3 - x_1)(y_2 - y_1)\right)\mathbf{k} \\ &= \frac{1}{2}\begin{vmatrix} x_1 & y_1 & 1 \\ x_2 & y_2 & 1 \\ x_3 & y_3 & 1 \end{vmatrix}\mathbf{k}\end{aligned} \tag{A7.2-1-5}$$

7.3　変数変換による積分の有限要素法への応用

有限要素法は、領域を三角形・四角形要素や立方体要素に離散化して、各要素の節点座標によって物理量を表現する。各要素の物理量 $f(\mathbf{x})$ は、実形状領域 V の関数の積分として与えられる。この実形状領域の関数の積分は、各要素で行うので煩雑になる。通常は変数変換（有限要素法では形状変換関数と呼ぶ）をして、次式の基準要素 V_0 の単純積分をする。この変数変換は、7.2 節の応用であり、ここで具体的に示す。

$$\int_V f(\mathbf{x})\mathbf{dx} = \int_{V_0} f(\mathbf{x}(\boldsymbol{\xi}))\,|\,J\,|\,\mathbf{d\xi}$$

(1) 一次元線形要素

図 7.3-1 は、実形状要素と基準要素の関係を示す。実形状要素座標 x と基準要素座標 ξ の関係（変数変換）$\bar{N}_n(\xi)$ は、次式となるが、有限要素法では形状変換関数と呼ばれる。

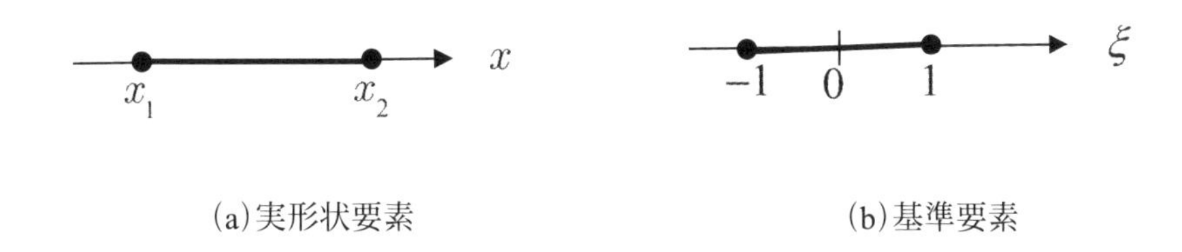

図 7.3-1　実形状要素と基準要素（線要素）

$$x(\xi) = \bar{N}_1(\xi)x_1 + \bar{N}_2(\xi)x_2 \tag{7.3-1}$$

ここに、x_1, x_2 は、実形状要素の節点座標を表す。両変数間の節点対応条件は、次式である。

$$\begin{aligned} x_1 &= \bar{N}_1(-1)x_1 + \bar{N}_2(-1)x_2 \rightarrow \bar{N}_1(-1) = 1, \bar{N}_1(1) = 0 \\ x_2 &= \bar{N}_1(1)x_1 + \bar{N}_2(1)x_2 \rightarrow \bar{N}_2(-1) = 0, \bar{N}_2(1) = 1 \end{aligned} \tag{7.3-2a}$$

この条件を満たす形状変換関数は、線形関数を仮定すると、次式となる。

$$\bar{N}_1(\xi) = \frac{1}{2}(1 - \xi), \quad \bar{N}_2(\xi) = \frac{1}{2}(1 + \xi) \tag{7.3-2b}$$

したがって、ヤコビアンは、次式となり、要素長の半分の値となる。

$$J = \frac{dx}{d\xi} = \frac{x_2 - x_1}{2} \tag{7.3-2c}$$

ここで、次式のような実形状要素でのある物理量（変位）が、節点変位 u_1, u_2 と次式で表されるとする。有限要素法のアイソパラメトリック要素では、内挿関数 $N_n(\xi)$ は、形状変換関数 $\bar{N}_n(\xi)$ とする。

$$\begin{aligned} & u(x) = u(x(\xi)) = N_1(\xi)u_1 + N_2(\xi)u_2 \\ & N_1(\xi) = \bar{N}_1(\xi) = \frac{1}{2}(1 - \xi) \\ & N_2(\xi) = \bar{N}_2(\xi) = \frac{1}{2}(1 + \xi) \end{aligned} \tag{7.3-3a}$$

変位の積分の場合、次式のようになる。

$$\begin{aligned} \int_{x_1}^{x_2} u(x)dx &= \int_{-1}^{1} u(x(\xi)) \mid J \mid d\xi = \frac{u_1 \mid x_2 - x_1 \mid}{4} \int_{-1}^{1} (1 - \xi)d\xi + \frac{u_2 \mid x_2 - x_1 \mid}{4} \int_{-1}^{1} (1 + \xi)d\xi \\ &= \frac{\mid x_2 - x_1 \mid}{2}\left(u_1 + u_2\right) \end{aligned} \tag{7.3-3b}$$

(2) 2次元線形三角形要素

図7.3-2は、実形状要素と基準要素の関係を示す。実形状要素座標 x,y と基準要素座標 ξ,η の関係(変数変換) $\bar{N}_n(\xi,\eta)$ は、次式となる。

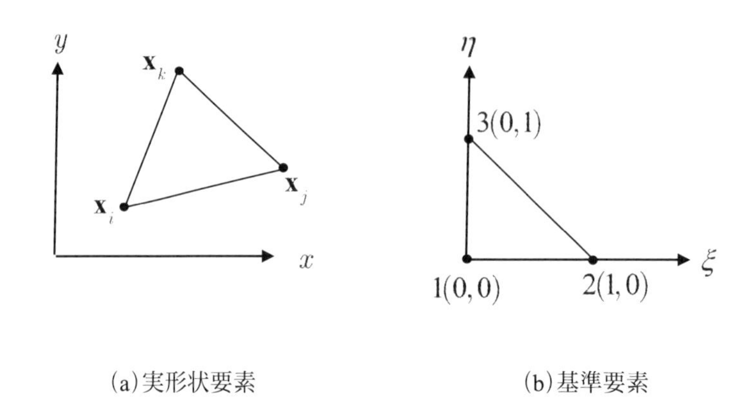

図7.3-2　実形状要素と基準要素(三角形要素)

$$\begin{aligned} x(\xi,\eta) &= \bar{N}_1(\xi,\eta)x_i + \bar{N}_2(\xi,\eta)x_j + \bar{N}_3(\xi,\eta)x_k \\ y(\xi,\eta) &= \bar{N}_1(\xi,\eta)y_i + \bar{N}_2(\xi,\eta)y_j + \bar{N}_3(\xi,\eta)y_k \end{aligned} \qquad (7.3\text{-}4a)$$

両要素の節点座標の対応条件と線形関数を仮定すると、形状変換関数は、次式で与えられる。

$$\begin{aligned} \bar{N}_1(\xi,\eta) &= 1-\xi-\eta \\ \bar{N}_2(\xi,\eta) &= \xi \\ \bar{N}_3(\xi,\eta) &= \eta \end{aligned} \qquad (7.3\text{-}4b)$$

したがって、ヤコビアンは、次式となり、三角形要素面積 S の2倍となる(7.2補助記事1)。

$$\begin{aligned} J &= \begin{vmatrix} \dfrac{\partial x}{\partial \xi} & \dfrac{\partial x}{\partial \eta} \\ \dfrac{\partial y}{\partial \xi} & \dfrac{\partial y}{\partial \eta} \end{vmatrix} = \begin{vmatrix} x_j - x_i & x_k - x_i \\ y_j - y_i & y_k - y_i \end{vmatrix} \\ &= \left(x_j - x_i\right)\left(y_k - y_i\right) - \left(x_k - x_i\right)\left(y_j - y_i\right) \\ &= \begin{vmatrix} x_i & y_i & 1 \\ x_j & y_j & 1 \\ x_k & y_k & 1 \end{vmatrix} = 2S \end{aligned} \qquad (7.3\text{-}4c)$$

ここで、次式のような実形状要素でのある物理量(変位)が、節点変位 $(u_i,v_i),(u_j,v_j),(u_k,v_k)$ と次式で表されるとする。有限要素法のアイソパラメトリック要素では、内挿関数は、形状変換関数となる。

$$
\begin{aligned}
u(x,y) &= u\left(x(\xi,\eta), y(\xi,\eta)\right) = N_1(\xi,\eta)u_i + N_2(\xi,\eta)u_j + N_3(\xi,\eta)u_k \\
v(x,y) &= v\left(x(\xi,\eta), y(\xi,\eta)\right) = N_1(\xi,\eta)v_i + N_2(\xi,\eta)v_j + N_3(\xi,\eta)v_k
\end{aligned}
$$

$$
\begin{aligned}
N_1(\xi,\eta) &= \bar{N}_1(\xi) = 1 - \xi - \eta \\
N_2(\xi,\eta) &= \bar{N}_2(\xi) = \xi \\
N_3(\xi,\eta) &= \bar{N}_3(\xi) = \eta
\end{aligned} \tag{7.3-5a}
$$

変位の積分の場合、次式のようになる。

$$
\begin{aligned}
\iint_V u(x,y)dxdy &= \iint_{V_0} u\left(x(\xi,\eta), y(\xi,\eta)\right) | J | d\xi d\eta \\
&= 2S\left(u_i \int_0^1 \int_{\eta=0}^{\eta=1-\xi} (1-\xi-\eta)d\xi d\eta + u_j \int_0^1 \int_{\eta=0}^{\eta=1-\xi} \xi d\xi d\eta + u_k \int_0^1 \int_{\eta=0}^{\eta=1-\xi} \eta d\xi d\eta \right) \\
&= \frac{S}{3}(u_i + u_j + u_k)
\end{aligned} \tag{7.3-5b}
$$

(3) 2 次元線形四辺形要素

図 7.3-3 は、実形状要素と基準要素の関係を示す。実形状要素座標 x, y と基準要素座標 ξ, η の関係(変数変換) $\bar{N}_n(\xi,\eta)$ は、次式となる。

$$
\begin{aligned}
x(\xi,\eta) &= \bar{N}_1(\xi,\eta)x_i + \bar{N}_2(\xi,\eta)x_j + \bar{N}_3(\xi,\eta)x_k + \bar{N}_4(\xi,\eta)x_l \\
y(\xi,\eta) &= \bar{N}_1(\xi,\eta)y_i + \bar{N}_2(\xi,\eta)y_j + \bar{N}_3(\xi,\eta)y_k + \bar{N}_4(\xi,\eta)x_l
\end{aligned} \tag{7.3-6a}
$$

両要素の節点座標の対応条件と線形関数を仮定すると、形状変換関数は、次式で与えられる。

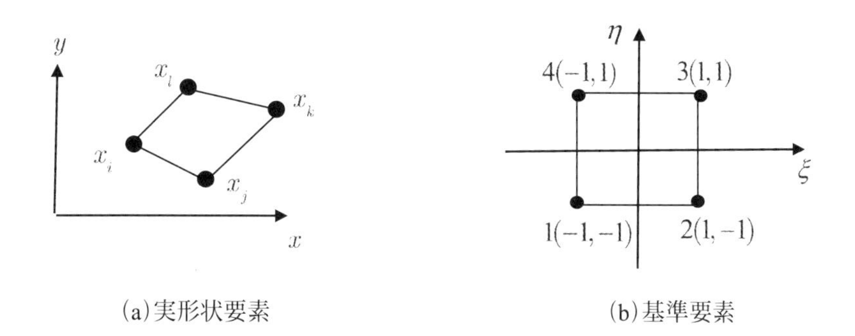

(a)実形状要素　(b)基準要素

図 7.3-3　実形状要素と基準要素(四角形要素)

$$\begin{aligned}
\bar{N}_1(\xi,\eta) &= \frac{1}{4}\left(1-\xi-\eta+\xi\eta\right) = \frac{(1-\xi)(1-\eta)}{4} \\
\bar{N}_2(\xi,\eta) &= \frac{1}{4}\left(1+\xi-\eta-\xi\eta\right) = \frac{(1+\xi)(1-\eta)}{4} \\
\bar{N}_3(\xi,\eta) &= \frac{1}{4}\left(1+\xi+\eta+\xi\eta\right) = \frac{(1+\xi)(1+\eta)}{4} \\
\bar{N}_4(\xi,\eta) &= \frac{1}{4}\left(1-\xi+\eta-\xi\eta\right) = \frac{(1-\xi)(1+\eta)}{4}
\end{aligned} \quad (7.3\text{-}6b)$$

ヤコビアンは、次式となる。

$$\begin{aligned}
J &= \begin{vmatrix} \dfrac{\partial x}{\partial \xi} & \dfrac{\partial x}{\partial \eta} \\ \dfrac{\partial y}{\partial \xi} & \dfrac{\partial y}{\partial \eta} \end{vmatrix} = \frac{1}{4}\begin{vmatrix} (-x_i+x_j+x_k-x_l)+ & (-x_i-x_j+x_k+x_l)+ \\ \eta(x_i-x_j+x_k-x_l) & \xi(x_i-x_j+x_k-x_l) \\ (-y_i+y_j+y_k-y_l)+ & (-y_i-y_j+y_k+y_l)+ \\ \eta(y_i-y_j+y_k-y_l) & \xi(y_i-y_j+y_k-y_l) \end{vmatrix} \\
&= S_1 + S_2\xi + S_3\eta \\
S_1 &= \frac{1}{8}\left(\left(y_l-y_j\right)\left(x_k-x_i\right)-\left(y_k-y_i\right)\left(x_l-x_j\right)\right) \\
S_2 &= \frac{1}{8}\left(\left(y_k-y_l\right)\left(x_j-x_i\right)-\left(y_j-y_i\right)\left(x_k-x_l\right)\right) \\
S_3 &= \frac{1}{8}\left(\left(y_l-y_i\right)\left(x_k-x_j\right)-\left(y_k-y_j\right)\left(x_l-x_i\right)\right)
\end{aligned} \quad (7.3\text{-}6c)$$

四辺形が、長さと高さ $2a = x_j - x_i, 2b = y_l - y_i, (x_i = x_l, x_j = x_k, y_i = y_j, y_k = y_l)$ の長方形（面積 $4ab$)であれば、$J = ab$ で長方形の面積の 4 倍である。

ここで、次式のような実形状要素でのある物理量(変位)が、節点変位$(u_n, v_n, w_n)(n = i, j, k, l)$と次式で表されるとする。有限要素法のアイソパラメトリック要素では、内挿関数は、形状変換関数となる。

$$\begin{aligned}
u(x,y) &= u\left(x(\xi,\eta), y(\xi,\eta)\right) = N_1(\xi,\eta)u_i + N_2(\xi,\eta)u_j + N_3(\xi,\eta)u_k + N_4(\xi,\eta)u_l \\
v(x,y) &= v\left(x(\xi,\eta), y(\xi,\eta)\right) = N_1(\xi,\eta)v_i + N_2(\xi,\eta)v_j + N_3(\xi,\eta)v_k + N_4(\xi,\eta)v_l \\
w(x,y) &= w\left(x(\xi,\eta), y(\xi,\eta)\right) = N_1(\xi,\eta)w_i + N_2(\xi,\eta)w_j + N_3(\xi,\eta)w_k + N_4(\xi,\eta)w_l
\end{aligned}$$

$$\begin{aligned}
N_1(\xi,\eta) &= \bar{N}_1(\xi,\eta) = \frac{(1-\xi)(1-\eta)}{4} \\
N_2(\xi,\eta) &= \bar{N}_2(\xi,\eta) = \frac{(1+\xi)(1-\eta)}{4} \\
N_3(\xi,\eta) &= \bar{N}_3(\xi,\eta) = \frac{(1+\xi)(1+\eta)}{4} \\
N_4(\xi,\eta) &= \bar{N}_4(\xi,\eta) = \frac{(1-\xi)(1+\eta)}{4}
\end{aligned} \quad (7.3\text{-}7a)$$

変位の積分の場合、次式のようになる。

$$
\begin{aligned}
\iint_V u(x,y)dxdy &= \iint_{V_0} u\Big(x(\xi,\eta),y(\xi,\eta)\Big) \mid J \mid d\xi d\eta \\
&= \frac{1}{4}S_1 \left(\begin{array}{l} u_i \int_{-1}^{1}\int_{-1}^{1}(1-\xi)(1-\eta)d\xi d\eta + u_j \int_{-1}^{1}\int_{-1}^{1}(1+\xi)(1-\eta)d\xi d\eta + \\ u_k \int_{-1}^{1}\int_{-1}^{1}(1+\xi)(1+\eta)d\xi d\eta + u_l \int_{-1}^{1}\int_{-1}^{1}(1-\xi)(1+\eta)d\xi d\eta \end{array} \right) + \\
&\quad \frac{1}{4}S_2 \left(\begin{array}{l} u_i \int_{-1}^{1}\int_{-1}^{1}(1-\xi)(1-\eta)\xi d\xi d\eta + u_j \int_{-1}^{1}\int_{-1}^{1}(1+\xi)(1-\eta)\xi d\xi d\eta + \\ u_k \int_{-1}^{1}\int_{-1}^{1}(1+\xi)(1+\eta)\xi d\xi d\eta + u_l \int_{-1}^{1}\int_{-1}^{1}(1-\xi)(1+\eta)\xi d\xi d\eta \end{array} \right) + \\
&\quad \frac{1}{4}S_3 \left(\begin{array}{l} u_i \int_{-1}^{1}\int_{-1}^{1}(1-\xi)(1-\eta)\eta d\xi d\eta + u_j \int_{-1}^{1}\int_{-1}^{1}(1+\xi)(1-\eta)\eta d\xi d\eta + \\ u_k \int_{-1}^{1}\int_{-1}^{1}(1+\xi)(1+\eta)\eta d\xi d\eta + u_l \int_{-1}^{1}\int_{-1}^{1}(1-\xi)(1+\eta)\eta d\xi d\eta \end{array} \right) \\
&= \begin{pmatrix} S_1 & \frac{1}{3}S_2 & \frac{1}{3}S_3 \end{pmatrix} \begin{pmatrix} u_i + u_j + u_k + u_l \\ -u_i + u_j + u_k - u_l \\ -u_i - u_j + u_k + u_l \end{pmatrix}
\end{aligned}
\tag{7.3-7b}
$$

7.4　重積分の部分積分によるグリーン定理

部分積分は、被積分関数に含まれる高次の微分の次数を 1 つ下げるために使われるが、ここでは、2 重積分と 3 重積分の部分積分を使い境界要素法等で重要なグリーンの定理を示す。

(1) 2 重積分とグリーンの定理(表現定理)

2 次元ポアソン方程式と部分積分を使い、領域積分 (2 重積分) が境界上の線積分で表されることを示す。これは、2 次元境界要素法の基礎式である(例えば、原田・本橋(2017))。

2 次元ポアソン方程式は、次式で与えられる。定数 $C = 0$ では、2 次元ラプラス方程式である。

$$
\begin{aligned}
&\frac{\partial^2 u}{\partial x^2} + \frac{\partial^2 u}{\partial y^2} + C = 0 \\
&\nabla^2 u + C = 0, \nabla^2 = \frac{\partial^2}{\partial x^2} + \frac{\partial^2}{\partial y^2}
\end{aligned}
\tag{7.4-1}
$$

この微分方程式を領域 S の積分形式(表現定理)にするために、微分可能な任意の関数 $v(x,y)$ をかけ、領域で積分すると次式が得られる。

$$
\int_S \left(\frac{\partial^2 u}{\partial x^2} + \frac{\partial^2 u}{\partial y^2} + C \right) v dS = 0 \tag{7.4-2a}
$$

部分積分を使うと、次式が得られる。

$$\int_S \left(-\frac{\partial u}{\partial x}\frac{\partial v}{\partial x} - \frac{\partial u}{\partial y}\frac{\partial v}{\partial y} + Cv \right) dS + \int_\Gamma v \frac{\partial u}{\partial n} d\Gamma = 0 \qquad (7.4\text{-}2b)$$
$$\frac{\partial u}{\partial n} = \frac{\partial u}{\partial x} n_x + \frac{\partial u}{\partial y} n_y$$

ここに、領域 S の境界 Γ の法線方向の微分は、次式で与えられることを用いた。単位ベクトル $\mathbf{n} = (n_x = \cos\theta, n_y = \sin\theta)$ とする（図 7.4-1）。記号 dn, θ は、法線方向の微小長と x 軸からの角度を表す。

$$\begin{aligned} \frac{\partial u}{\partial n} &= \frac{u(x + dn\cos\theta, y + dn\sin\theta) - u(x,y)}{dn} \\ &= \frac{u(x,y) + \dfrac{\partial u}{\partial x} dn\cos\theta + \dfrac{\partial u}{\partial y} dn\sin\theta - u(x,y)}{dn} \\ &= \frac{\partial u}{\partial x} n_x + \frac{\partial u}{\partial y} n_y \end{aligned} \qquad (7.4\text{-}2c)$$

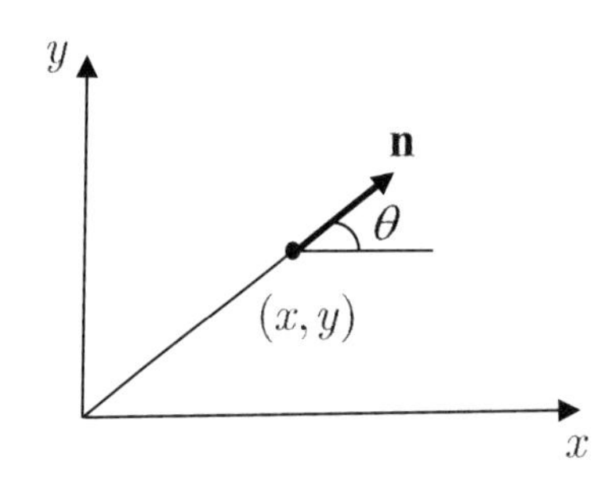

図 7.4-1　境界 Γ 上の単位法線ベクトルとその成分

式(7.4-2b)に部分積分を使うと、次式が得られる。

$$\int_S \left(\frac{\partial^2 v}{\partial x^2} u + \frac{\partial^2 v}{\partial y^2} u + Cv \right) dS + \int_\Gamma v \frac{\partial u}{\partial n} d\Gamma - \int_\Gamma u \frac{\partial v}{\partial n} d\Gamma = 0 \qquad (7.4\text{-}2d)$$

式(7.4-2a)と式(7.4-2d)を合わせると、グリーンの定理（ガウスの発散定理）として知られる次式が得られる。

$$\int_S \left(v\nabla^2 u - u\nabla^2 v \right) dS = \int_\Gamma \left(v\frac{\partial u}{\partial n} - u\frac{\partial v}{\partial n} \right) d\Gamma \qquad (7.4\text{-}3)$$

上式は、領域 S の 2 重積分が、その境界 Γ 上の線積分になることを示すので、境界上を離散化した積分から 2 重積分が求まる境界要素法の基礎式である。

3 次元問題では、領域面は領域体積 V とその境界面 S に代わる。ラプラシアンは、3 次元の次式に代わるので、グリーンの定理は、次式となる。

$$\int_V \left(v\nabla^2 u - u\nabla^2 v\right) dV = \int_S \left(v\frac{\partial u}{\partial n} - u\frac{\partial v}{\partial n}\right) dS$$
$$\nabla^2 = \frac{\partial^2}{\partial x^2} + \frac{\partial^2}{\partial y^2} + \frac{\partial^2}{\partial z^2}, \quad \frac{\partial u}{\partial n} = \frac{\partial u}{\partial x}n_x + \frac{\partial u}{\partial y}n_y + \frac{\partial u}{\partial z}n_z \tag{7.4-4}$$

(2) ガウスの発散定理

この定理は、7.4 補助記事 1 のように部分積分（全微分と積分）から求められるが、グリーンの定理（表現定理）から求めるのが易しい。3 次元のグリーンの定理において、次式を仮定する。

$$v(x,y,z) = 1$$
$$u_x = \frac{\partial u}{\partial x}, u_y = \frac{\partial u}{\partial y}, u_z = \frac{\partial u}{\partial y} \tag{7.4-5}$$

この仮定では、グリーンの定理は、次式のように書き変えられる。

$$\int_V \left(\frac{\partial u_x}{\partial x} + \frac{\partial u_y}{\partial y} + \frac{\partial u_z}{\partial z}\right) dV = \int_S \left(\frac{\partial u}{\partial x}n_x + \frac{\partial u}{\partial y}n_y + \frac{\partial u}{\partial z}n_z\right) dS$$
$$= \int_S \left(u_x n_x + u_y n_y + u_z n_z\right) dS \tag{7.4-6a}$$

上式は、次式のように表現されることが多い。

$$\int_V \mathrm{div}\mathbf{u}\, dV = \int_S \mathbf{u} \cdot \mathbf{n} dS$$
$$\mathbf{u} = (u_x, u_y, u_z)^T, \quad \mathbf{n} = (n_x, n_y, n_z)^T$$
$$\mathrm{div}\mathbf{u} = \frac{\partial u_x}{\partial x} + \frac{\partial u_y}{\partial y} + \frac{\partial u_z}{\partial z} = \frac{\partial u_i}{\partial x_i} \tag{7.4-6b}$$
$$\mathbf{u} \cdot \mathbf{n} = u_x n_x + u_y n_y + u_z n_z = u_i n_i$$

ここに、ベクトル **u** と境界面の単位法線ベクトル **n** とする。ガウスの発散定理は、ベクトルの成分が全て同じであるスカラー u とすると、次式のようになる。

$$\int_V \mathrm{div} u\, dV = \int_V \frac{\partial u}{\partial x_i} dV = \int_S u n_i dS \tag{7.4-6c}$$

ガウスの発散定理は、ベクトルやスカラーの物理量の体積積分が、境界面の法線方向成分の面積積分と等しいことを意味する。部分積分により微分の次数が 1 つ低減されることによる。

2 次元の場合は、領域体積 V と領域体積の境界面 S が、領域面積 S と領域の境界線 Γ に代わり、次式で与えられる。

$$
\begin{aligned}
&\int_S \mathrm{div}\mathbf{u}\, dS = \int_\Gamma \mathbf{u}\cdot\mathbf{n}\, d\Gamma \\
&\mathbf{u} = (u_x, u_y)^T, \quad \mathbf{n} = (n_x, n_y)^T \\
&\mathrm{div}\mathbf{u} = \frac{\partial u_x}{\partial x} + \frac{\partial u_y}{\partial y} = \frac{\partial u_i}{\partial x_i} \\
&\mathbf{u}\cdot\mathbf{n} = u_x n_x + u_y n_y = u_i n_i
\end{aligned}
\tag{7.4-7a}
$$

スカラーでは、

$$
\int_S \mathrm{div} u\, dS = \int_S \frac{\partial u}{\partial x_i} dS = \int_\Gamma u n_i\, d\Gamma \tag{7.4-7b}
$$

7.4　補助記事 1　部分積分とガウスの発散定理とグリーンの定理

微分と積分の関係を用いて、ガウスの発散定理とグリーンの定理を導く。1 次元の場合、微分と積分の関係を用いると、次式が得られる。

$$
\begin{aligned}
&\int_a^b \frac{d}{dx}(uv) dx = \int_a^b d(uv) = \left[uv\right]_a^b = \int_a^b \left(\frac{du}{dx} v + u\frac{dv}{dx}\right) dx \\
&\int_a^b \left(\frac{du}{dx} v + u\frac{dv}{dx}\right) dx = \left[uv\right]_a^b
\end{aligned}
\tag{A7.4-1-1}
$$

2 次元の場合、次式が成り立つ。

$$
\begin{aligned}
&\iint_S \frac{\partial}{\partial x}(uv) dxdy = \iint_S \partial(uv) dy = \int_\Gamma uv dy = \int_\Gamma uv n_x d\Gamma = \iint_S \left(\frac{\partial u}{\partial x} v + u \frac{\partial v}{\partial x}\right) dxdy \\
&\frac{\partial}{\partial n} = \frac{\partial}{\partial x} n_x + \frac{\partial}{\partial y} n_y \\
&dx = -n_y d\Gamma, \quad dy = n_x d\Gamma
\end{aligned}
\tag{A7.4-1-2a}
$$

上式は、x 軸方向の微分であるが、y 軸方向の微分でも次式が成り立つ。

$$
\iint_S \left(\frac{\partial u}{\partial y} v + u \frac{\partial v}{\partial y}\right) dxdy = -\int_\Gamma uv n_y d\Gamma \tag{A7.4-1-2b}
$$

両式を次式のように表すことができる。次式が 2 次元のグリーンの定理である。

$$
\iint_S \left(\frac{\partial u}{\partial x_i} v + u \frac{\partial v}{\partial x_i}\right) dS = \int_\Gamma uv n_i d\Gamma \tag{A7.4-1-2c}
$$

$v = 1$ と置くと、次式の 2 次元のガウスの発散定理が得られる。

$$
\iint_S \frac{\partial u}{\partial x_i} dS = \int_\Gamma u n_i d\Gamma \tag{A7.4-1-2d}
$$

上式で、物理量 u をベクトル（u_x, u_y）とすると、次式の２次元のグリーンの定理が求められる。

$$\iint_S \left(\frac{\partial u_y}{\partial x} - \frac{\partial u_x}{\partial y} \right) dS = \int_\Gamma \left(u_y n_x + u_x n_y \right) d\Gamma \qquad \text{(A7.4-1-2e)}$$

３次元の場合、

$$\iiint_V \frac{\partial}{\partial x}\left(uv\right) dxdydz = \iiint_V \partial\left(uv\right) dydz$$
$$= \iint_S uvdydz = \iint_S uvn_x dS = \iiint_V \left(\frac{\partial u}{\partial x} v + u \frac{\partial v}{\partial x} \right) dxdydz \qquad \text{(A7.4-1-3a)}$$
$$\frac{\partial}{\partial n} = \frac{\partial}{\partial x} n_x + \frac{\partial}{\partial y} n_y + \frac{\partial}{\partial z} n_z$$
$$dx = n_y dS, \quad dy = n_x dS, \quad dz = n_z dS$$

y, z 軸方向の微分でも同様な式が求められるので、次式のように１つにまとめて表現する。

$$\iiint_V \left(\frac{\partial u}{\partial x_i} v + u \frac{\partial v}{\partial x_i} \right) dV = \iint_S uvn_i dS \qquad \text{(A7.4-1-3b)}$$

$v = 1$ と置くと、次式の３次元のガウスの発散定理が得られる。

$$\iiint_V \frac{\partial u}{\partial x_i} dV = \iint_S un_i dS \qquad \text{(A7.4-1-3c)}$$

物理量 u をベクトル（u_x, u_y, u_z）とすると、次式の３次元のガウスの発散定理が得られる。

$$\int_V \left(\frac{\partial u_x}{\partial x} + \frac{\partial u_y}{\partial y} + \frac{\partial u_z}{\partial z} \right) dxdydz = \int_V \left(\partial u_x dydz + \partial u_y dxdz + \partial u_z dxdy \right)$$
$$= \int_S \left(u_x n_x + u_y n_y + u_z n_z \right) dS \qquad \text{(A7.4-1-3d)}$$
$$\frac{\partial}{\partial n} = \frac{\partial}{\partial x} n_x + \frac{\partial}{\partial y} n_y + \frac{\partial}{\partial z} n_z$$
$$dydz = n_x dS, \quad dxdz = n_y dS, \quad dxdy = n_z dS,$$

ここに、n_x, n_y, n_z は体積 V の境界面の微小表面積 dS の単位法線ベクトルの各軸成分を表す。

物理量がスカラーの場合も、以下のようになることは明らかである。

$$\int_V \left(\frac{\partial u}{\partial x} + \frac{\partial u}{\partial y} + \frac{\partial u}{\partial z} \right) dxdydz = \int_V \left(\partial udydz + \partial udxdz + \partial udxdy \right)$$
$$= \int_S \left(un_x + un_y + un_z \right) dS \qquad \text{(A7.4-1-3e)}$$
$$\frac{\partial}{\partial n} = \frac{\partial}{\partial x} n_x + \frac{\partial}{\partial y} n_y + \frac{\partial}{\partial z} n_z$$
$$dydz = n_x dS, \quad dxdz = n_y dS, \quad dxdy = n_z dS,$$

第 8 章
土木環境数学で使う公式

8.1　微分公式

微分公式をまとめる。$u = u(x), v = v(x)$ とする。

0　$(au)' = au', \quad u' = \dfrac{du}{dx}$

1　$(u+v)' = u' + v'$

2　$(uv)' = vu' + uv'$

3　$\left(\dfrac{u}{v}\right)' = v^{-1}u' + u\left(v^{-1}\right)' = v^{-1}u' - uv^{-2}v' = \dfrac{vu' - uv'}{v^2}$

4　合成関数の微分　$f = f(u), u = u(x)$ のとき、$f' = \dfrac{df}{du}u', \quad f' = \dfrac{df}{dx}, \quad u' = \dfrac{du}{dx}$

5　$(x^n)' = nx^{n-1}$

6　$\left(\mathrm{e}^x\right)' = \mathrm{e}^x$

7(a)　$\left(\mathrm{e}^{ax}\right)' = a\mathrm{e}^{ax}$

7(b)　$\left(\log_{\mathrm{e}} x\right)' = \dfrac{1}{x}$

8　$\left(a^{u(x)}\right)' = a^u u' \log_{\mathrm{e}} a$

9　$\left(x^x\right)' = x^x(1 + \log_{\mathrm{e}} x)$

10　$\left(u^v\right)' = vu^{v-1}u' + u^v v' \log_{\mathrm{e}} u$

11　$(\log_a x)' = \dfrac{1}{x \log_{\mathrm{e}} a} = \dfrac{\log_a \mathrm{e}}{x}$

12　$\left(\sin(ax)\right)' = a\cos(ax)$

13　$\left(\cos(ax)\right)' = -a\sin(ax)$

14　$\left(\tan(ax)\right)' = \left(\dfrac{\sin(ax)}{\cos(ax)}\right)' = \dfrac{a\cos(ax)\cos(ax) + a\sin(ax)\sin(ax)}{\cos^2(ax)} = \dfrac{a}{\cos^2(ax)}$

8.2　指数と対数公式

指数関数

$y = a^x$

対数関数

$y = \log_a x \Leftrightarrow x = a^y$

指数関数の公式

$a^b a^c = a^{b+c}$
$(a^b)^c = a^{bc}$

2つの公式を混同しないこと。例えば$(a^b)^3 = a^b a^b a^b = a^{3b}$と覚える。

対数関数の公式

$$\log_a 1 = 0, \quad \log_a a = 1,$$
$$\log_a xy = \log_a x + \log_a y$$
$$\log_a x^n = n \log_a x$$
$$\log_a x = \frac{\log_b x}{\log_b a}$$
$$\log_e A = \frac{\log_{10} A}{\log_{10} e} = \log_e 10 \log_{10} A, \quad \log_{10} A = \log_e A \log_{10} e$$
$$\log_e 10 = \frac{1}{\log_{10} e} = 2.302585093\cdots, \log_{10} e = 0.434294481\cdots$$

公式の導き方

$$y_1 = \log_a x, y_2 = \log_a y \to x = a^{y_1}, y = a^{y_2} \to xy = a^{y_1} a^{y_2} = a^{y_1 + y_1}$$
$$\to \log_a xy = y_1 + y_2 = \log_a x + \log_a y$$
$$x^n = (a^{y_1})^n = a^{ny_1} \to \log_a x^n = ny_1 \log_a a = ny_1 = n \log_a x$$
$$y_1 = \log_a x, y_2 = \log_b a \to x = a^{y_1}, a = b^{y_2} \to x = (b^{y_2})^{y_1} = b^{y_1 y_2}$$
$$\to \log_b x = y_1 y_2 = \log_a x \log_b a \to \log_a x = \frac{\log_b x}{\log_b a}$$

自然対数と指数関数（最も重要）

$\mathrm{e} = \lim_{x \to \infty} \left(1 + \frac{1}{x}\right)^x = 2.7182.....$の時、$y = \mathrm{e}^x$を指数関数と呼ぶ。また、自然対数は、

$$y = \log_e x = \ln x = \log x \Leftrightarrow x = \mathrm{e}^y$$
$$(\log_e x)' = \frac{1}{x}$$

$$e^x e^y = e^{x+y}, \quad \left(e^x\right)^n = e^{nx}, \quad e^0 = 1$$

$$\log_a 1 = 0, \quad \log_a a = 1, \quad \log_e 1 = \ln 1 = 0, \quad \log_e e = \ln e = 1$$

$$\log_a b = \frac{1}{\log_b a}, \quad \log_c A = \frac{\log_a A}{\log_a c}, \quad \log_a A = \log_a c \log_c A$$

$$\log_e A = \frac{\log_{10} A}{\log_{10} e} = \log_e 10 \log_{10} A, \quad \log_{10} A = \log_e A \log_{10} e$$

$$\log_e 10 = \frac{1}{\log_{10} e} = 2.302585093\cdots, \log_{10} e = 0.434294481\cdots$$

8.3 (8，9，10)の公式の導き方

8，9，10の公式を導く。

8 $\left(a^u\right)' = a^u u' \log_e a$

$z = a^{u(x)}$とおいて両辺の対数をとると、$\log_e z = u(x) \log_e a$が得られる。

両辺をuで微分すると、$\dfrac{1}{z}\dfrac{dz}{du} = \log_e a$となる。

したがって、$\left(a^u\right)' = z' = \dfrac{dz}{du}u' = z \log_e a u' = a^u u' \log_e a$

9 $\left(x^x\right)' = x^x(1 + \log_e x)$

$z = x^x$とおいて、両辺の自然対数をとると、$\log_e z = x \log_e x$となる。

両辺をxで微分すると、$\dfrac{1}{z}z' = \log_e x + x\dfrac{1}{x} = \log_e x + 1$が得られる。

$\left(x^x\right)' = z' = z(1 + \log_e x) = x^x(1 + \log_e x)$

10 $\left(u^v\right)' = vu^{v-1}u' + u^v v' \log_e u$

$z = u^v$とおいて、両辺の自然対数をとると、$\log_e z = v \log_e u$となる。

両辺をxで微分すると、$\dfrac{1}{z}z' = v' \log_e u + v\dfrac{1}{u}u'$が得られる。

$$\left(u^v\right)' = z' = z\left(\frac{v}{u}u' + v' \log_e u\right) = vu^{v-1}u' + u^v v' \log_e u$$

8.4 多項式表示

テイラー展開($a = 0$の場合、マクローリン展開)

$$f(x) = f(a) + f'(a)(x-a) + \frac{1}{2!}f''(a)(x-a)^2 + \frac{1}{3!}f'''(a)(x-a)^3 + \cdots + \frac{1}{n!}f^n(a)(x-a)^n + \cdots$$

$$\frac{1}{1-x} = 1 + x + x^2 + x^3 + x^4 + \cdots + x^n + \cdots (0 \le x \le 1)$$

$$\frac{1}{1-2x+x^2} = \frac{1}{(1-x)^2} = 1 + 2x + 3x^2 + 4x^3 + \cdots + nx^{n-1} + \cdots$$

$$\frac{d}{dx}\left(\frac{1}{1-x}\right) = \frac{1}{(1-x)^2} = 1 + 2x + 3x^2 + 4x^3 + \cdots + nx^{n-1} + \cdots$$

$$\sin x = \sum_{n=0}^{\infty} (-1)^n \frac{1}{(2n+1)!} x^{2n+1} = x - \frac{1}{3!}x^3 + \frac{1}{5!}x^5 - \frac{1}{7!}x^7 \ldots. (|x| < \infty)$$

$$\cos x = \sum_{n=0}^{\infty} (-1)^n \frac{1}{(2n)!} x^{2n} = 1 - \frac{1}{2!}x^2 + \frac{1}{4!}x^4 - \frac{1}{6!}x^6 \ldots. (|x| < \infty)$$

$$\tan x = x + \frac{1}{3}x^3 + \frac{2}{15}x^5 + \frac{17}{315}x^5 + \frac{62}{2835}x^9 \ldots\ldots.. (|x| < \pi / 2)$$

$$\mathrm{e}^x = \sum_{n=0}^{\infty} \frac{1}{n!} x^n = 1 + x + \frac{1}{2!}x^2 + \frac{1}{3!}x^3 + \frac{1}{4!}x^4 + \ldots.. (|x| < \infty)$$

$$a^x = 1 + x\ln a + \frac{(x\ln a)^2}{2!} + \frac{(x\ln a)^3}{3!} + \frac{(x\ln a)^4}{4!} + \ldots.. (|x| < \infty)$$

$$\log_{\mathrm{e}}(1+x) = \ln(1+x) = \sum_{n=1}^{\infty} (-1)^{n+1} \frac{1}{n} x^n = x - \frac{1}{2}x^2 + \frac{1}{3}x^3 - \frac{1}{4}x^4 + \frac{1}{5}x^5 \ldots (|x| < 1)$$

8.5　不定積分

部分積分

$$\int uv'dx = uv - \int vu'dx$$

$$\int x^n dx = \frac{x^{n+1}}{n+1}$$

$$\int \mathrm{e}^x dx = \mathrm{e}^x, \quad \int \frac{1}{x} dx = \log_{\mathrm{e}} x = \ln x$$

$$\int \frac{1}{a^2+x^2} dx = \frac{1}{a}\tan^{-1}\frac{x}{a}, \quad \int \frac{1}{a^2-x^2} dx = \frac{1}{2a}\ln\frac{a+x}{a-x}$$

$$\int \frac{1}{\sqrt{a^2-x^2}} dx = \sin^{-1}\frac{x}{a}, \quad \int \frac{1}{\sqrt{a^2+x^2}} dx = \ln\left(x + \sqrt{a^2+x^2}\right)$$

$$\int \sin x dx = -\cos x, \quad \int \cos x dx = \sin x, \quad \int \frac{1}{\sin x} dx = \ln\left|\tan\frac{x}{2}\right|, \quad \int \frac{1}{\cos x} dx = \ln\left|\tan\left(\frac{\pi}{4} + \frac{x}{2}\right)\right|$$

$$\int \sin^2 x dx = \frac{x}{2} - \frac{1}{4}\sin 2x, \quad \int \sin^3 x dx = -\frac{1}{3}\cos x\left(\sin^2 x + 2\right)$$

$$\int \sin^n x dx = -\frac{\sin^{n-1} x \cos x}{n} + \frac{n-1}{n}\int \sin^{n-2} x dx$$

$$\int \cos^2 x dx = \frac{x}{2} + \frac{1}{4}\sin 2x, \quad \int \cos^3 x dx = \frac{1}{3}\sin x\left(\cos^2 x + 2\right)$$

$$\int \cos^n x dx = \frac{\cos^{n-1} x \sin x}{n} + \frac{n-1}{n}\int \cos^{n-2} x dx$$

$$\int x\mathrm{e}^x dx = \mathrm{e}^x\left(x-1\right), \quad \int x^n \ln x dx = \frac{x^{n+1}}{n+1}\left(\ln x - \frac{1}{n+1}\right)$$

$$\int e^{ax}\sin bx dx = \frac{e^{ax}}{a^2+b^2}\left(a\sin bx - b\cos bx\right)$$
$$\int e^{ax}\cos bx dx = \frac{e^{ax}}{a^2+b^2}\left(a\cos bx + b\sin bx\right)$$

8.6 定積分

$$\int_0^\infty \frac{a}{a^2+x^2}dx = \begin{cases} \pi/2 & , \quad a>0 \\ 0 & , \quad a=0 \\ -\pi/2 & , \quad a<0 \end{cases}, \quad \int_0^\infty \frac{\sin ax}{x}dx = \begin{cases} \pi/2 & , \quad a>0 \\ 0 & , \quad a=0 \\ -\pi/2 & , \quad a<0 \end{cases}$$

$$\int_0^\infty \frac{\sin x\cos ax}{x}dx = \begin{cases} 0 & , \quad a<-1, a>1 \\ \pi/4 & , \quad a=\pm 1 \\ \pi/2 & , \quad -1<a<1 \end{cases}$$

$$\int_0^\infty \frac{\sin^2 x}{x^2}dx = \frac{\pi}{2}, \quad \int_0^\infty \cos^2 x dx = \int_0^\infty \sin^2 x dx = \frac{1}{2}\sqrt{\frac{\pi}{2}}$$
$$\int_0^\pi \sin^2 nx dx = \int_0^\pi \cos^2 nx dx = \frac{\pi}{2}$$
$$\int_0^\infty e^{-ax}\sin bx = \frac{b}{a^2+b^2}, \quad \int_0^\infty e^{-ax}\cos bx = \frac{a}{a^2+b^2}$$
$$\int_0^\infty e^{-(ax)^2}\cos bx = \frac{\sqrt{\pi}}{2a}e^{-\left(\frac{b}{2a}\right)^2}$$

8.7 三角関数と双曲線関数

オイラーの公式によりすべての三角関数に関する公式は求められる。

$$e^{ix} = \cos x + i\sin x$$
$$\sin(A\pm B) = \sin A\cos B \pm \cos A\sin B$$
$$\cos(A\pm B) = \cos A\cos B \mp \sin A\sin B$$
$$\tan(A\pm B) = \frac{\sin(A\pm B)}{\cos(A\pm B)} = \frac{\tan A\pm\tan B}{1\mp\tan A\tan B}$$
$$\sin A+\sin B = 2\sin\frac{A+B}{2}\cos\frac{A-B}{2}, \quad \sin A-\sin B = 2\cos\frac{A+B}{2}\sin\frac{A-B}{2}$$
$$\cos A+\cos B = 2\cos\frac{A+B}{2}\cos\frac{A-B}{2}, \quad \cos A-\cos B = -2\sin\frac{A+B}{2}\sin\frac{A-B}{2}$$
$$\sin 2A = 2\sin A\cos A, \quad \sin 3A = 3\sin A - 4\sin^3 A, \quad \sin\frac{A}{2} = \sqrt{\frac{1-\cos A}{2}}$$
$$\cos 2A = 1-2\sin^2 A, \quad \cos 3A = 4\cos^3 A - 3\cos A, \quad \cos\frac{A}{2} = \sqrt{\frac{1+\cos A}{2}}$$

三角形の内角と辺長、面積

$$\frac{a}{\sin A}=\frac{b}{\sin B}=\frac{c}{\sin C}$$

$$a^2=b^2+c^2-2bc\cos A$$

$$b^2=a^2+c^2-2ac\cos B$$

$$c^2=a^2+b^2-2ab\cos C$$

$$S=\pm\frac{1}{2}\begin{vmatrix}x_1 & y_1 & 1\\ x_2 & y_2 & 1\\ x_3 & y_3 & 1\end{vmatrix}$$

ド・モアブルの定理

$$\left(\cos A+i\sin A\right)^n=\cos nA+i\sin nA$$

双曲線関数

$$\sinh x=\frac{\mathrm{e}^x-\mathrm{e}^{-x}}{2},\quad \cosh x=\frac{\mathrm{e}^x+\mathrm{e}^{-x}}{2},\quad \tanh x=\frac{\sinh x}{\cosh x}=\frac{\mathrm{e}^x-\mathrm{e}^{-x}}{\mathrm{e}^x+\mathrm{e}^{-x}}$$

参考文献

1. 安倍齊（1989）：微積分の歩んだ道，森北出版．（微積分の歴史や背景とともに微積分数学史に係るニュートン等の履歴を学び、本書で大いに参考にした）．
2. 大脇直明，高橋忠久，有田耕一(1996)：土木技術者のための数学入門，コロナ社．
3. C.R. Wylie，富久泰明訳(1970)：工業数学　上・下，ブレイン図書出版．
4. 富田幸雄，小泉堯，松本浩之(1974，1975)：工学のための数理解析 I，II，実教出版．
5. V.T. Karman and M.A. Biot（1940）：Mathematical Methods in Engineering，McGraw-Hill Book Company.
6. 森口繁一，宇田川久，一松信(1960)：数学公式 I(微分積分・平面曲線), II(級数・フーリエ解析), III(特殊関数)，岩波書店．（公式集で大いに使った）．
7. 数学ハンドブック編集委員会(1960)：理工学のための数学ハンドブック，丸善．
8. ピーアス・フォスター，ブレイン図書出版通信教育部訳（1975）：簡約積分表，ブレイン図書出版．（手軽で便利な数学公式集として使った）．
9. M.R. Spiegel（1968）：Mathematical Handbook of Formulas and Tables，McGraw-Hill Book Company.（これもよく使う手軽な公式集である）．
10. I.S. Gradshteyn and I.M. Ryzhik，Corrected and Enlarged Edition by Alan Jeffrey（1980）：Table of Integrals, Series, and Products，Academic Press.（殆どの公式が網羅されている）．
11. M. Abramowitz and I.A. Stegun（1970）：Hand Book of mathematical Functions，Dover Publications.（殆どの関数や図表と数値があり便利である）．
12. 原田隆典，本橋英樹（2017）：入門・弾性波動理論～震源断層・多層弾性体の地震動や地盤振動問題への応用～，現代図書．

索　引

■**著者略歴**

原田　隆典(はらだ　たかのり)
1952 年　山口県生まれ
1975 年　九州工業大学開発土木工学科卒業
1980 年　東京大学大学院工学研究科博士課程修了(土木工学専攻、工学博士)
同　年　宮崎大学助教授(工学部土木工学科)
1997 年　宮崎大学教授(工学部土木工学科)
2018 年　宮崎大学名誉教授
同　年　宮崎大学発ベンチャー企業㈱地震工学研究開発センター技術顧問、現在に至る

本橋　英樹(もとはし　ひでき)
1973 年　中国遼寧省生まれ(中国名：王宏沢(おう　こうたく))
2001 年　宮崎大学工学部土木環境工学科卒業
2006 年　宮崎大学大学院工学研究科博士後期課程修了(システム工学専攻、博士(工学))
同　年　㈱耐震解析研究所
2009 年　帰化(日本名：本橋英樹)
2011 年　宮崎大学発ベンチャー企業㈱地震工学研究開発センター主任研究員
2017 年　㈱ IABC　地震・津波研究室取締役室長、現在に至る

土木環境数学 I　1 変数と多変数の初等関数の微分と積分

2021 年 10 月 8 日　第 1 刷発行

共著者　原田 隆典・本橋 英樹
発行者　池田 廣子
発行所　株式会社現代図書
〒 252-0333　神奈川県相模原市南区東大沼 2-21-4
TEL　042-765-6462（代）　FAX　042-701-8612
振替　00200-4-5262
http://www.gendaitosho.co.jp/
発売元　株式会社星雲社（共同出版社・流通責任出版社）
〒 112-0005　東京都文京区水道 1-3-30
TEL　03-3868-3275　FAX　03-3868-6588
印刷・製本　株式会社丸井工文社

ISBN978-4-434-29467-9　C3051
Printed in Japan